基幹教育シリーズ　化学

基礎化学結合論

第 2 版

中野晴之・原田賢介・大橋和彦・寺嵜 亨・関谷 博 共著

学術図書出版社

は じ め に

　化学は，原子を素材とした構造物，すなわち，分子や液体，固体などの物質を対象として，それらが，どのような構造をしているか，どのような性質をもつか，相互作用や反応によってどのように変化するかを解明する学問である．分子や物質は原子が結合することで成り立っている．化学の目的であるそれらの構造，性質，反応を調べるためには，「化学結合」を正しく理解することが基礎となる．化学の他の科目「有機物質化学」，「無機物質化学」をより深く理解するためにも，化学結合の理解は大切である．本書では，高等学校までの知識を前提として，古典的な化学結合論にはじまり，微小な世界を記述する量子力学，量子力学に基づく原子や原子内の電子の描像，分子軌道の概念を基盤にした現代的な化学結合論などを解説する．

　第1章では，電子対が中心的な役割を果たす古典的な化学結合論について述べる．さまざまな化学結合の種類，ルイス構造，形式電荷，共鳴について解説したあと，電子対の反発を基礎とした分子構造の簡単な予測法を紹介する．

　第2章から第6章では，現代的な化学結合論について述べる．

　第2章では，光の粒子性，物質の波動性などの概念を中心として，水素原子のスペクトルやボーアの原子模型など，のちの量子論につながっていく発展の過程について解説する．

　第3章では，微小な世界を記述する量子力学について紹介する．初めに一般的な平面波，古典的な波の方程式について述べ，シュレーディンガー方程式の導入と波動関数の意味について解説する．

　第4章では，原子の中の電子について，電子を収容する容器である原子軌道や電子の詰まり方である電子配置を説明する．まず水素原子についてのシュレーディンガー方程式を解くと何がわかるのかを解説し，その結果を基礎として，2個以上の電子をもつ原子，すなわち多電子原子について解説する．さらに，原子番号とともに周期的に変化する原子の性質が生じる仕組みを学ぶ．

　第5章では，原子軌道を基にして，2つの原子が互いに近づいたときに，どのように原子間に化学結合が現れ，分子が形成されるのかについて述べる．原子軌道が重なり合って分子軌道が構成される原理，分子軌道への電子の配置，電子配置に基づく結合次数の考え方と結合力の大小を説明する．

　第6章では，多原子分子の構造を化学結合から考える．水素分子の原子価結合法と分子軌道法の概念の違いについて記述し，原子価結合法に基づいて作られる混成軌道を用いて炭化水素分子の構造と化学結合について理解する．さらには，ファンデルワールス相互作用と水素結合相互作用について考える．

　本書には，大学の初等教育では取り扱いが容易ではない数学も一部含まれている．第3章のシュ

レーディンガー方程式の数学的取り扱い，第4章の原子のシュレーディンガー方程式と原子軌道の表現，第6章の原子価結合法，ヒュッケル法などがこれに該当する．これらについては適宜省き，概念を理解することに専念しても構わない．また，現代的な化学結合論を理解するためには，第5章まででもおおむね十分である．自らの興味と余力に応じて選択してほしい．本書と講義を通じて，受講者の化学結合論に対する理解が深まることを期待している．

2013年2月 著者一同

基幹教育シリーズ「化学」の発刊にあたって

　九州大学では，理系学部・学科の必要性に応じて基礎化学結合論，基礎化学熱力学，無機物質化学，有機物質化学の化学に関する基礎科目が低年次において共通科目として開講されてきた．これらの科目の位置づけは，教養部が廃止されてから 20 年間続いた全学教育（全学共通教育）においても，また，平成 26 年度から始まる基幹教育においてもほとんど変わっていない．

　昨今，教育の中身である質の保証，また，教育の成果である成績評価の厳格化が求められる中，特に，低年次に同一科目名で複数の学部・学科に対して開講される基礎科目については，共通授業概要が設定され共通教育としての位置づけが明確に示されていたにもかかわらず，その教える内容は教員の裁量に任せられていたためさまざまであり，また，当然の帰結としてその成績評価もさまざまであった．こうしたことは，大学の構成員である学生や教員，大学外の一般の人にとっても，学修に対する統一的な評価を難しくしていた．このような問題を解決する第一歩として，科目内容を標準化した共通教科書の作成が必要であるとの認識を多くのものがもっていたが，なかなか実行に移すことができなかった．しかし，長年にわたり全学教育における化学科目の運営をしてきた化学科目部会の共通教科書作成への強い熱意，理学研究院化学部門の共通教科書作成に対する深いご理解と賛同が後押しとなり，また，学内経費である「教育の質向上プログラム（Enhanced Education Program：EEP）」の支援を受けて，平成 22 年に共通教科書作成プロジェクトが立ち上がるに至った．そして準備開始から約 3 年の時間がかかったが，平成 26 年度の基幹教育開始に合わせて 4 つの化学科目の教科書を作成することができた．

　プロジェクトを始めるにあたり全学教育化学科目部会の総意として，上述の 4 つの基礎化学科目を必修あるいは選択科目として履修要件に加えているすべての学部・学科に対する授業に共通教科書を必ず使用することとした．また，共通教科書としてその機能が発揮できるよう，科目の基礎事項の内容を標準化すると同時に学部・学科に特化した内容も別に章を立て盛り込む工夫をすることとした．また，教科書を進化させるために「教科書作成・改定委員会」を設けることとした．これらの合意事項は，高等教育開発推進センターで確認され，基幹教育院へと引き継がれている．

　このプロジェクトを推進するにあたり，教科書作成を企画立案した化学部会の横山拓史教授（理学研究院，当時の部会長），今任稔彦教授（工学研究院），北　逸郎教授（比較社会文化研究院），田中嘉隆教授（薬学研究院），冨板　崇教授（芸術工学研究院），新名主輝男教授（先導物質化学研究所），下田満哉教授（農学研究院），教科書執筆をお世話いただいた徳永　信教授（理学研究院，有機物質化学責任者），中野晴之教授（理学研究院，基礎化学結合論責任者），山中美智男准教授（理学研究院，基礎化学熱力学責任者），高橋和宏准教授（理学研究院，無機物質化学責任者）の各先生および執筆された各先生方の真摯なご努力に敬意を表するとともに厚く感謝申し上げる．

　この共通教科書により，同一科目を担当する教員間で教育内容と成績評価に関する認識が共有され，基幹教育・理系ディシプリン科目における基礎化学科目の平準化と教育の質の格段の向上が図

られることを期待している.

平成 26 年 2 月

EEP プロジェクトにおける

教科書作成代表世話人

淵田　吉男（基幹教育院　副院長）

荒殿　誠（理学研究院　院長）

も　く　じ

古典的な化学結合論　第1部

　化学結合は，分子の中の原子と原子の「結びつき」である．この結びつきは，20世紀の前半に，原子のような微小な世界を記述する量子力学が建設され，続いて原子の構造，原子の中の電子のふるまいがわかり，それを基に考えることによって，明確に理解されるようになった．現代では，化学のあらゆる分野において，量子論に基づいた概念である原子軌道や分子軌道，電子配置などの軌道概念によって，分子の構造・性質・化学反応などが議論されることが多い．さらに，これらの概念とコンピュータの発展により，現在では定量的な議論も可能である．

　しかしながら，量子力学の建設以前の電子対に基づく古典的な化学結合論は，いまなお，化学の問題を議論するうえで非常に重要な役割を果たしている．特に定性的な議論においては，量子論に基づく化学結合論よりもはるかに直感的な描像を提供し，簡潔な結論を導くことも多い．むしろ，古典的な化学結合論は，現代的な化学結合論により基礎づけられ，その基盤を強固にしているのである．

　第1部では，電子対とルイス構造を中心とした古典的な化学結合論を概観し，化学における基本的な使用法を解説する．

電子対とルイス構造

古典的な化学結合論では，電子対が中心的な役割を果たす．本章では，さまざまな化学結合の種類，ルイス構造，ルイス構造を補強する概念である形式電荷，共鳴（構造）について解説し，さらに，電子対の反発を基礎とした分子構造の簡単な予測法について述べる．

1.1 化学結合の種類

原子と原子の結びつき，すなわち，化学結合はその性質によっていくつかの種類の結合に分類される．その主なものは，高等学校以来学んでいる共有結合，イオン結合，金属結合，あるいは，配位結合であるが，これに加えて，分子同士を結びつける水素結合，ファンデルワールス結合も物質の世界を形づくる重要な結合である．これらの結合は，後述する量子力学の原理によって，成り立っているものであるが，本節では，まず，古典的・定性的な観点からこれらの結合を概観してみよう．

1.1.1 イオン結合

古典的にもっとも理解しやすいのが**イオン結合**である．この結合は，陽イオンと陰イオンが静電気力によって引き合ってできる結合であり，陽イオンになりやすい（すなわち，電気陰性度が小さい）金属原子と陰イオンになりやすい（すなわち，電気陰性度が大きい）非金属原子の間におもに形成される．

典型的なイオン結合の例として，NaCl 分子を取り上げよう．Na 原子と Cl 原子は，いずれも電気的に中性であるため，静電気的な力は働かない．また，Na 原子は Na^+ イオンよりも安定であるため，孤立した状態では通常はイオンにはならない．一方，Cl 原子は Cl^- イオンよりも不安定であるため，近くに余剰電子があれば，容易に Cl^- イオンになる．もし，Na 原子がイオン Na^+ になることによる不安定化よりも，Cl 原子が Cl^- イオンになる安定化と陽イオンと陰イオンの間の静電気力による安定化の和の方が大きければ，結合が形成されるはずである．このことを見てみよう．

まず，Na 原子のイオン化エネルギーは，$495.8 \, \mathrm{kJ \, mol^{-1}}$ である．すなわち，Na 原子に $495.8 \, \mathrm{kJ \, mol^{-1}}$ のエネルギーを与えるとイオン化して電子を放出する．

$$Na + 495.8 \, \mathrm{kJ \, mol^{-1}} = Na^+ + e^- \tag{1.1}$$

一方，Cl 原子の電子親和力は $350.2 \, \mathrm{kJ \, mol^{-1}}$ である．すなわち，Cl 原子は電子を受け取りイオン化するとともに，$350.2 \, \mathrm{kJ \, mol^{-1}}$ のエネルギーを放出する．

$$Cl + e^- = Cl^- + 350.2 \, \mathrm{kJ \, mol^{-1}} \tag{1.2}$$

また，NaCl 分子の結合距離は，$0.2361 \, \mathrm{nm}$ である．$\pm e$ の電荷が，$0.2361 \, \mathrm{nm}$ だけ離れていると

きの静電エネルギーは，$e^2/4\pi\varepsilon_0 r_{\mathrm{NaCl}} = 588.5\,\mathrm{kJ\,mol^{-1}}$ であることから，以下の式が成り立つ．

$$\mathrm{NaCl} + 588.5\,\mathrm{kJ\,mol^{-1}} = \mathrm{Na^+} + \mathrm{Cl^-} \tag{1.3}$$

これらの式 (1.1)〜(1.3) から，以下の関係を得ることができる．

$$\mathrm{NaCl} + 442.9\,\mathrm{kJ\,mol^{-1}} = \mathrm{Na} + \mathrm{Cl} \tag{1.4}$$

この式は，NaCl 分子が，Na 原子と Cl 原子でいる状態よりも，$442.9\,\mathrm{kJ\,mol^{-1}}$ だけ安定であり，確かに結合が形成されることを示している．（いいかえると，NaCl 分子の結合解離エネルギーは $442.9\,\mathrm{kJ\,mol^{-1}}$ である．）

　実際の NaCl 分子の結合解離エネルギーは $408.1\,\mathrm{kJ\,mol^{-1}}$ であり，上で求めたエネルギーよりも小さい．このことは，NaCl 分子が，1 個の電子が Na 原子から Cl 原子に移動した完全なイオン結合 $\mathrm{Na^+Cl^-}$ ではなく，一部が移動した $\mathrm{Na^{\delta+}Cl^{\delta-}}$ であることを示している．エネルギーの違いから，δ を見積もると，

$$(\delta e)^2/4\pi\varepsilon_0 r_{\mathrm{NaCl}} = 408.1 + 495.8 - 350.2\,\mathrm{kJ\,mol^{-1}} = 553.7\,\mathrm{kJ\,mol^{-1}} \tag{1.5}$$

より，$\delta = 0.97$ となる．なお，これは古典的な見方によるものであるが，後で述べる現代的な化学結合論の見方では純粋なイオン結合というものは存在せず，実際の結合はイオン結合と次で述べる共有結合の混合（重ね合わせ）である．すなわち，NaCl 分子の結合は，多くのイオン結合 $\mathrm{Na^+Cl^-}$ と少しの共有結合 NaCl（さらに言えば，これらに加えて，ごくわずかのイオン結合 $\mathrm{Na^-Cl^+}$）から成り立っている．

　エネルギーの関係をよりわかりやすく示すために，NaCl 分子のエネルギーを見てみよう．図 1.1 は，NaCl 分子のエネルギーが，結合距離 r に対してどのように変化するかを図示したものである．上下 2 つの曲線があるが，これらは，もともと 2 つの破線で結ばれた曲線，すなわち，右下がりで $r = \infty$ の極限ではほぼ水平な曲線と極小をもち $r = \infty$ の極限では右上がりの曲線が，ちょうど避けあったような形状をしていることがわかる．破線で結ばれた右下がりで $r = \infty$ の極限ではほぼ水平な曲線が，次

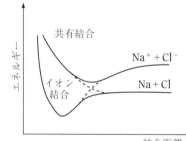

図 1.1　NaCl 分子のポテンシャルエネルギー曲線

に述べる共有結合に対応する曲線，同様に破線で結ばれた，極小を持ち $r = \infty$ の極限では右上がりの曲線が，イオン結合に対応する曲線である．共有結合とイオン結合の曲線が避けあった結果，できあがった実線は，途中で共有結合とイオン結合が入れ替わることになる．図の下の実線に着目すると，Na 原子と Cl 原子が近づくと，途中で Na 原子の電子が Cl 原子に移り，イオンとなって NaCl 分子として結合することがわかる．（Na 原子のイオン化にはエネルギーが必要であるが，それにともなうエネルギー障壁は存在せず，スムーズに結合することも同時に曲線から見て取れる．）

1.1.2　共有結合

　共有結合は，おもに，非金属原子と非金属原子の間に形成される．古典的に理解しやすいイオン結合と比べて，共有結合を古典的に理解することはそれほど容易ではない．

試みに，前節のイオン結合を考えて H_2 分子を考察してみよう．H 原子のイオン化エネルギーと電子親和力は，それぞれ，1312.0 kJ mol^{-1} と 72.8 kJ mol^{-1} である．また，H_2 分子の結合距離は，0.074 nm である．前項と同様の計算をすると，

$$H + 1312.0 \text{ kJ mol}^{-1} = H^+ + e^- \tag{1.6}$$

$$H + e^- = H^- + 72.8 \text{ kJ mol}^{-1} \tag{1.7}$$

と $e^2/4\pi\varepsilon_0 r_{HH} = 1877.5$ kJ mol^{-1} より，

$$H_2 + 638.3 \text{ kJ mol}^{-1} = 2H \tag{1.8}$$

が得られる．

　これによると，イオン結合による H と H の結合が形成されるかに見える．（なお，NaCl 分子と同様の議論によると，$H^{0.94+}H^{0.94-}$ となる．）しかしながら，Na と Cl を Na$^+$ と Cl$^-$ にするのに必要なエネルギーが，145.6 kJ mol^{-1} である NaCl 分子に対し，H と H を H$^+$ と H$^-$ にするのには，1239.2 kJ mol^{-1} ものエネルギーを要する．すなわち，原子の組をイオンの組にするのには非常に大きなエネルギーを必要とする．それゆえ，イオン結合した際の安定化が非常に大きくても，それ以前のイオン化の過程で大きなエネルギーを必要とするためイオン結合の形成は難しいことになる．これに加えて，さらに本質的なことは，等核二原子分子（二原子分子 AB のうち，A ＝ B であるもの）の場合には，そもそも，H$^+$H$^-$ が存在できないことである．2 つの H 原子は等価であるから，どちらか一方に電荷の偏ったイオン結合 H$^+$H$^-$，H$^-$H$^+$ は，2 つの H 原子が等価であることと矛盾してしまう．一般に，等核二原子分子は安定なイオン結合を形成できない．

　H_2 分子の結合形成は，イオン化した原子同士の静電気的な結合ではなく，2 つの原子が互いに 1 つの価電子を中間領域に提供し，それをもう一方の原子とともに静電気的に引き合う（共有する）ことによって形成される．

　具体的に見てみよう．H 原子は K 殻上に 1 つの電子をもっている．H 原子が互いに近づくことにより，K 殻が重なり合う．K 殻の重なり合った領域では，電子の存在する確率が大きくなり，2

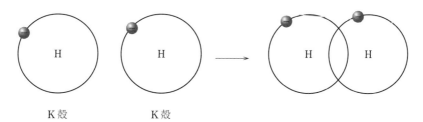

K 殻　　　　　K 殻

つの H 原子の中間領域で電子の密度が大きくなる．そうしてできたマイナス電荷の大きな部分と H 原子の原子核のプラス電荷が引き合って，結合が形成される．いいかえると，2 つの H 原子は中間にある電子対を介して結合する．これが共有結合とよばれる結合である．

　以上が，H_2 分子の結合の古典的な見方であるが，NaCl 分子と同

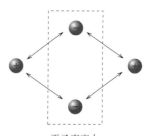

電子密度大

様，現代的な化学結合論の見方では，純粋な共有結合というものは存在せず，実際の結合は共有結合とイオン結合の混合（重ね合わせ）である．すなわち，H_2 分子の結合は，多くの共有結合 HH と少しのイオン結合 H^+H^-，H^-H^+ から成り立っている．（単独では，電荷が偏り矛盾してしまう結合であるイオン結合 H^+H^-，H^-H^+ も，混合する結合の一部としてであれば可能である．等量混合することによって，電荷の偏りがなくなるためである．）

　イオン結合である NaCl 分子に続いて，H_2 分子のエネルギーを見てみよう．図 1.2 は，H_2 分子のエネルギーが結合距離 r に対してどのように変化するかを図示したものである．イオン結合性・共有結合性，2 つの性質をもった曲線が交差する（正確には，交差せず性質が入れ替わる）NaCl 分子とは異なり，いずれの曲線も共有結合性の曲線であり，また，交差もない点が特徴的である．

　ここでは，H_2 分子を例として説明したが，原子の状態のときに対になっていない電子（不対電子）をもち，それゆえ，中間領域に電子を提供することができる（おもに非金属）元素の間には，H_2 分子と同じ機構により共有結合が形成される（該当する元素は，希ガス元素を除いたほとんどの非金属元素である）．

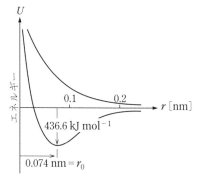

図 1.2 H_2 分子のポテンシャルエネルギー曲線

　　　　例．F_2 分子，H_2O 分子の OH 結合，CH_4 分子の CH 結合，…

たとえば，F_2 分子では F 原子の L 殻の一部が重なりあうことにより，中間領域に電子の密度が大きくなり，結合が形成される．また，H_2O 分子では H 原子の K 殻と O 原子の L 殻の一部が重なりあうことにより，中間領域に電子の密度が大きくなり，結合が形成される．

1.1.3 配位結合

　分子（または，陰イオン）の中の共有されていない電子対（非共有電子対）が他の陽イオンとの結合に提供されて新しい共有結合ができるとき，この結合を**配位結合**という．非金属元素同士の配位結合は，結合ができたあとでは，共有結合と区別がつかない．

　典型的な例は，アンモニウムイオン NH_4^+ である．アンモニウムイオンは，4 つの NH 結合をもっているが，これをアンモニア NH_3 と陽子 H^+（H 原子がイオン化した H^+ は電子がなく，H 原子の原子核である陽子そのものである．）が化学結合したものと考えると，この結合は配位結合と考えられる．

　アンモニアの 3 つの NH 結合は，H 原子の K 殻と N 原子の L 殻が重なりあうことにより，中間領域の電子の密度が大きくなって形成された共有結合である．このアンモニアは，原子価電子が 2 つ余り，非共有電子対をもっている．ここに，もう 1 つの陽子

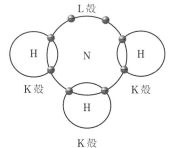

H^+ が近づくと，同じように，H 原子の K 殻と N 原子の L 殻が重なり合いにより，結合が形成される．アンモニアの共有結合と最後に形成される結合との違いは，前者が H 原子，N 原子の双方

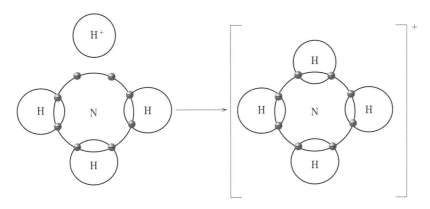

が電子を 1 つずつ提供する結合であるのに対し，後者は N 原子が一方的に 2 つの電子（非共有電子対）を提供する結合である点である．このように，一方の原子が非共有電子対を提供することによる結合が配位結合である．形成過程は異なると考えられるものの，アンモニウムイオンの 4 つの NH 結合はすべて等価であり，結合の形成後はまったく区別がつかない．それゆえ，これらの結合を共有結合と区別することは意味をもたない．

　ここで述べた非金属元素同士の結合ではなく，分子（または，陰イオン）の中の非共有電子対が金属元素，特に，遷移金属元素との結合に使われて，新しい共有結合ができる場合には，配位結合ととらえる方が結合の理解が容易である．これについては，ここではこれ以上立ち入らない．

1.1.4 金属結合

　金属結合は，金属原子間に形成される結合である．ごく素朴に考えれば，金属中の電子（自由電子とよばれる）は均一に分布して一様なマイナス電荷を形作り，その中にある金属陽イオンが，一様なマイナス電荷を通じて互いに結合していると考えるのが金属結合である．

　金属の 1 つであるナトリウムを例として考えてみよう．

　結合の形成を段階的に見てみる．Na 原子の最外殻は M 殻であり，この M 殻に Na 原子は 1 つずつ価電子をもっている．Na 原子同士が近づくことによって，この最外殻である M 殻が重なる．

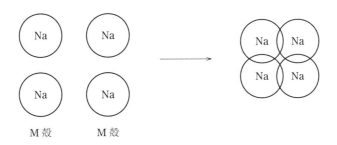

すると，Na 原子の M 殻上の価電子は，重なりあった M 殻を通じて金属中のいずれの位置にも移動することができるようになる．すなわち，孤立原子の状態では局在化していた電子が，Na 金属

の状態では非局在化する（自由電子）.

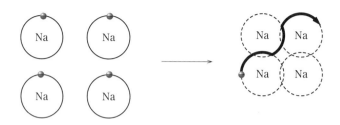

その結果，電子は金属中に均一に分布することになり，一様なマイナス
電荷を形作ることによって，その中にある Na^+ はマイナス電荷を通じ
て互いに結合する.

　金属結合の結合エネルギーは，金属の種類に応じて異なり，数十から
数百 $kJ\,mol^{-1}$ の値をとる. 例で述べた Na 金属では比較的小さく，
$100\,kJ\,mol^{-1}$ 程度（正確には，$107.6\,kJ\,mol^{-1}$）である.

1.1.5　その他の結合

　イオン結合，共有結合，配位結合，金属結合以外にも，原子と原子を結びつける結合は存在す
る. 分子同士を結びつける**分子間力**，液体の水のように異なる水分子の H 原子と O 原子を結びつ
ける**水素結合**などはその例である. これらは，一般に分子内の結合ではなく，分子と分子の結合と
考えられ，上で説明した結合に比べて弱い結合である. 本章では説明しないが，前にも述べたよう
に，これらの結合も物質世界を形作る重要な結合である.

1.2　デュエット則・オクテット則とルイス構造

　ルイスは，1916 年に「共有結合は 2 つの原子が価電子のペアを共有することであり，安定化合
物ではすべての原子が希ガス構造をとる」とした. すなわち，安定な化合物の中では，水素原子は
2 個の価電子をもち，第 2 周期原子は 8 個の価電子をもつことになる. これらを，それぞれ，**デュ
エット則**，**オクテット則**とよぶ. また，元素記号と価電子を表す点（・）を用いて分子の化学結合
を表現したものを**ルイス構造**とよぶ.

　ごく簡単な例として，実際に前節で現れた分子，イオンのルイス構造を見てみよう.

　まず，H_2 分子を例とする. 前述の説明によれば，2 つの H 原子はそれぞれ 1 つずつの価電子を
もち，H_2 分子では計 2 個の電子をもつ. これらが電子対となって 2 つの H 原子に共有されてい
る. これをルイス構造で表すと以下のようになる.

$$H\!:\!H$$

それぞれの H 原子のまわりには 2 個の電子があり，デュエット則が満たされている. 共有される
電子対を**共有電子対**とよぶ.

　次に，配位結合の説明で例としたアンモニウムイオン NH_4^+ を見てみよう. このイオンのルイ

ス構造は，N 原子と H 原子の間に電子対が共有されるため

$$
\left[
\begin{array}{c}
\ddot{\text{H}} \\
\text{H} : \text{N} : \text{H} \\
\ddot{\text{H}}
\end{array}
\right]^{+}
$$

のようになる．この場合にも，H 原子のまわりには 2 個の電子，N 原子のまわりには 8 個の電子があり，デュエット則，オクテット則が満たされていることがわかる．またアンモニウムイオンの配位結合のもととなったアンモニア分子のルイス構造は以下のようになる．

$$
\text{H} : \ddot{\text{N}} : \text{H} \\
\ddot{\text{H}}
$$

この場合には，N 原子と H 原子の間に 3 対の電子対が共有され，また，1 対の電子対が非共有電子対として N 原子に付随している．すぐにわかるように，この場合にもデュエット則・オクテット則が満たされている．

ルイス構造を作る具体的な手順は以下のようになる．

① 分子内の結合にしたがって原子の配置を書く．
結合があらかじめわかっていない場合には，② から ④ を繰り返すことによって，試行錯誤によりルイス構造を求める．

② ルイス構造に関わる電子の数 N_e を数える．通常は，各原子の価電子数の和と一致する．（イオンの場合には，各原子の価電子数の和にマイナス電荷の数を加える．）

③ まず，結合する原子の間に 1 つずつ電子対を配置する．

④ 残った電子を非共有電子対，または，多重結合の共有電子対として，デュエット則・オクテット則を満たすように配置する．
なお，H 原子の数を N_H，それ以外の原子の数を N_A とすると，共有電子対の数 n_{bp}，非共有電子対の数 n_{lp} は以下の式で与えられることを利用するとわかりやすい．

$$
n_{bp} = \frac{1}{2}(2N_H + 8N_A - N_e), \qquad n_{lp} = \frac{1}{2}N_e - n_{bp} \tag{1.9}
$$

この手順を基に，いくつかの分子についてルイス構造を実際に作ってみよう．

最初の例は，二酸化炭素分子 CO_2 である．上の手順に従って，二酸化炭素分子のルイス構造を書いてみよう．この分子は，O－C－O のように結合している．C 原子の価電子は 4，O 原子の価

電子は 6 であるため，分子に関わる電子数は $4+2\times6 = 16$ である．したがって，共有電子対の数 n_{bp}，非共有電子対の数 n_{lp} は

$$n_{bp} = \frac{1}{2}(2N_H+8N_A-N_e) = 4, \qquad n_{lp} = \frac{1}{2}N_e-n_{bp} = 4 \qquad (1.10)$$

となる．これら，4 つの共有電子対，4 つの非共有電子対を分子内に配置することになる．C 原子は 4 価，O 原子は 2 価であることを考慮すると，ルイス構造を

$$:\ddot{O}::C::\ddot{O}:$$

と書くことができる．非共有電子対を省略して，

$$O::C::O$$

さらに，一対の共有電子対（ : ）を 1 本の線（ − ）で表して

$$O = C = O$$

のように書いてもよい．書き方の相違はあるが，いずれもルイス構造とよぶ．

　もう少し複雑な例として，青酸分子 HCN を考えてみよう．この分子は，H−C−N のように結合している．H 原子，C 原子，N 原子の価電子は，それぞれ，1，4，5 であるため，分子に関わる電子数は，$1+4+5 = 10$．二酸化炭素分子の場合と同様に数えると共有電子対の数は 4，非共有電子対の数は 1 である．H 原子，C 原子，N 原子は，それぞれ，1 価，4 価，3 価であることを利用して，電子対を配置すると，

$$H:C:::N:$$

あるいは，

$$H-C\equiv N$$

と書くことができる．このほかにも，いくつかの分子を例として挙げると次のようになる．

$$:N:::N: \qquad H:\ddot{\underset{\cdot\cdot}{F}}: \qquad \begin{matrix} H & H & H \\ H:\ddot{C}:\ddot{C}:\ddot{C}:H \\ H & H & H \end{matrix}$$

　これらの例は，すべて，デュエット則・オクテット則を満たす分子やイオンであったが，例外も数多く存在する．たとえば，電子数が奇数で不対電子をもつ分子，イオンでは，当然ながらデュエット則・オクテット則は満たされない．

$$:\dot{\underset{\cdot\cdot}{O}}:H \qquad H:\dot{\underset{\cdot\cdot}{N}}:H \qquad \begin{matrix} :\ddot{F}:C:\ddot{F}: \\ :\ddot{F}: \end{matrix}$$

また，ホウ素化合物では，B原子まわりの電子が6個となりオクテット則を満たさない例がいくつか存在する．

$$H : \overset{\cdot\cdot}{\underset{}{B}} : H \qquad : \overset{\cdot\cdot}{\underset{\cdot\cdot}{F}} : \overset{\cdot\cdot}{\underset{}{B}} : \overset{\cdot\cdot}{\underset{\cdot\cdot}{F}} :$$
$$H \qquad\qquad\quad : \overset{\cdot\cdot}{\underset{\cdot\cdot}{F}} :$$

さらに，第三周期あるいはそれ以上の周期に属する原子を中心にもつ化合物では，その原子が8個を越える電子をもつことも多い．この化合物は，超原子価化合物とよばれる．第三周期以降の周期に属する原子は，原子のサイズが大きく多くの原子と結合する空間をもつこと，価電子としてK殻の2つまでの電子，あるいは，L殻の8つまでの電子しか用いることのできない第一，第二周期の原子と異なり，M殻に8個を超える価電子をもちうることが要因とされている．五塩化リン（PCl_5），六フッ化硫黄（SF_6）などはこれに該当する．

1.3 形式電荷と共鳴構造

形式電荷は，結合する原子間の価電子のやり取りを明示し，（あるいは，同じことであるが，分子中のどの原子に電荷が存在するか明示し，）ルイス構造を補強するものである．また，共鳴構造は，等価なルイス構造が考えられ，1つのルイス構造で表すことが適切でないとき，等価なルイス構造を示すことによって，ルイス構造の足りない点を補うものである．

1.3.1 形式電荷

まず，**形式電荷**について説明しよう．前に例として述べたアンモニウムイオンと同様に配位結合の例となるオキソニウムイオン H_3O^+ のルイス構造は，電荷をあらわに考慮すると以下のように書くことができる．

$$\left[H : \overset{\cdot\cdot}{\underset{}{O}} : H \atop \overset{\cdot\cdot}{\underset{}{H}} \right]^{+}$$

このルイス構造では，プラスの電荷が，中心のO原子上にあるのか，また，まわりのH原子のうち1つの上にあるのかはっきりとしない．そこで，イオン内の各原子について，孤立原子の状態と比較して，いくつの電荷をもっているか比較してみる．

中心のO原子は，孤立原子の状態では，8個の電子をもっている．一方，イオンの中ではどうであろうか？　内殻の2つの電子，非共有電子対の2つの電子は，結合に関与しないので，これら4

個の電子は O 原子に属すると考えてよい．他方，共有電子対の電子は，O 原子，H 原子に共有されていて，どちらの原子に属するともいえない．しかしながら，形式電荷を考える際には，共有電子対にある 2 つの電子を，結合に関わる 2 つの原子に 1 つずつ割り振ることにする．O と H では，電気陰性度に差があり（O：3.44，H：2.20），共有電子対の電子を等しく分けることには問題がないわけではないが，簡潔で最もわかりやすい振り分け方である．こうして，イオン中の O 原子には合計で

$$2(内殻電子)+2(非共有電子対)+1\times3 \text{ 結合 (共有電子対)} = 7$$

の電子（すなわち，-7 の電荷）が属していることになる．原子核の電荷 $+8$ を考慮すると，O 原子の電荷は $+1$ となる．これが O 原子の形式電荷である．

H 原子についても同じように考えると，各 H 原子には共有電子対のうちの 1 つの電子が属し，原子核の電荷 $+1$ とあわせると，H 原子の電荷は 0 となる．すなわち，各 H 原子の形式電荷は 0 である．

$$H : \overset{\cdot\cdot}{O}^+ : H$$
$$\overset{\cdot\cdot}{H}$$

オキソニウムイオン H_3O^+ に対する議論を少し整理して，電荷を数えやすくするために，原子核の電荷の代わりに孤立状態の原子の電子数を用い，さらに，内殻の電子は，孤立状態の原子と分子内の原子とで共通なため省くと，形式電荷を求める式は次のようになる．

分子内のある原子の形式電荷を N_C，分子内の原子を孤立原子としたときの価電子の数を N_A，分子内の原子に割り当てられた価電子の数を N_M とすると，

$$N_C = N_A - N_M$$

ただし，分子内の原子に割り当てられた価電子の数 N_M は，

① 非共有電子対の電子は，着目した原子に割り当てる（2 個）

② 共有電子対の電子は，結合している 2 つの原子に各 1 個ずつ割り当てる

として数える．

単なるルイス構造では，電荷がどの原子上にあるのかはっきりとしないものを，このようにして，原子に帰属させることができる．

もう 1 つ別の例を見てみよう．オキソニウムイオンの例は，分子全体の正電荷がどの原子に属するかを定めるものであった．形式電荷のもう 1 つの興味深い例は，オゾン分子 O_3 である．この分子は，全体として電荷をもたない中性分子であるにもかかわらず，分子内の原子上に形式電荷を生ずるものである．O_3 分子のルイス構造は次のようになる．

$$\overset{\cdot\cdot}{O} :: \overset{\cdot\cdot}{O} : \overset{\cdot\cdot}{O} :$$

または，

$$\mathrm{O} = \mathrm{O} - \mathrm{O}$$

このルイス構造について，上述の数え方に基づいて，3つの O 上の形式電荷を求めると，

左端の O 原子：$6-6 = 0$

中央の O 原子：$6-5 = 1$

右端の O 原子：$6-7 = -1$

となる．ルイス構造に形式電荷をつけて表すと，

$$\mathrm{O} = \mathrm{O}^{+} - \mathrm{O}^{-}$$

である．ルイス構造で記すだけでは，分子内で電荷が分離して生じていることを表現できないが，形式電荷によってそのことが明確に表されていることに着目してほしい．このように，形式電荷は分子内の電荷の状況をごく簡単な計算によって示すことができる有用な概念である．なお，O_3 分子は，次の共鳴の概念においても重要な例となるが，上の例では共鳴は考慮に入れなかった．

1.3.2 共鳴構造

次に**共鳴**という概念について考えてみよう．

共鳴の最も有名な例はベンゼン分子であるが，ここでは前節で述べた O_3 分子を例にしてみよう．前節では，O_3 分子をルイス構造で表すとき，$\mathrm{O} = \mathrm{O} - \mathrm{O}$ のように表記した．（ここで，3つの O 原子を区別するために，O 原子を左から，O_A，O_B，O_C とする．）これによると，二重結合で結ばれた O_A と O_B の距離は，一重結合で結ばれた O_B と O_C の距離に比べて短いと考えられる．ところが，実際の O_3 分子は二等辺三角形をしており，O_A と O_B，O_B と O_C の距離は等しい（0.128 nm）．

このような場合，ルイス構造 $\mathrm{O} = \mathrm{O} - \mathrm{O}$ と $\mathrm{O} - \mathrm{O} = \mathrm{O}$ はまったく等価であり，どちらか一方だけが，O_3 分子の結合を表すルイス構造というわけにはいかない．このような場合に，以下のように書いて単一のルイス構造に代える．

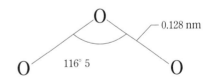

$$\mathrm{O} = \mathrm{O} - \mathrm{O} \quad \leftrightarrow \quad \mathrm{O} - \mathrm{O} = \mathrm{O}$$

あるいは，形式電荷もあわせて

$$\mathrm{O} = \mathrm{O}^{+} - \mathrm{O}^{-} \quad \leftrightarrow \quad \mathrm{O}^{-} - \mathrm{O}^{+} = \mathrm{O}$$

と書く．このように，複数のルイス構造によって，結合の状態を表すことを共鳴，また，それぞれのルイス構造のことを**共鳴構造**とよぶ．はじめに挙げたベンゼン分子も，2つの等価なルイス構造の共鳴として書かれる例である．

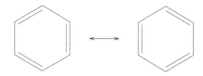

　共鳴を考える際に注意すべき点は，化学式では同じように見えても分子の構造によって，単一の
ルイス構造で表されるか，共鳴による表現を必要とするかが異なる点である．O_3 分子の例では，
仮に，O_3 分子が不等辺三角形

であれば，2 つのルイス構造のうち，左のルイス構造

$$O = O^+ - O^-$$

で表すのが適当である．2 つのルイス構造は明らかに等価ではなく，二重結合の長さが，一重結合
の長さよりも大きい右のルイス構造と比較して，左のルイス構造の方が化学的に自然だからであ
る．また仮に，O_3 分子が正三角形だったとしたら，単一のルイス構造

が適当である．このように，分子の構造がわかってはじめて，（共鳴まで含んだ）ルイス構造を書
ける例も多い．
　別の例として，チオシアン酸イオン SCN^- を考えてみよう．このイオンについては，オクテッ
ト則を満たすルイス構造として，次の 2 つが考えられる．

$$S = C = N^- \qquad S^- - C \equiv N$$

これらは，同じように共鳴によって書くことができる．

$$S = C = N^- \leftrightarrow S^- - C \equiv N$$

この場合には，2 つのルイス構造は等価でないため，$S = C = N^-$ と $S^- - C \equiv N$ のルイス構造の
寄与は等しくなく，一方に偏りがみられる．S 原子と N 原子を比較すると，N 原子の方が電気陰
性度が大きいため，$S = C = N^-$ の方に偏っている．このように，共鳴の意味は幅広く用いられ，
等価なルイス構造の場合に限らず，その寄与に差異がある場合も含まれる．

1.4 電子対反発モデル

前節までで，古典的な化学結合論においては，電子対が重要な役割を果たすことを述べた．この分子の中の電子対は，互いに反発するという性質をもっている（この性質に基づく分子のモデルを電子対反発モデルとよぶ）．そして，この性質を用いると，分子の構造を予測することができることを説明しよう．

用いるのは次の事項である．

① 電子対は互いに反発する
② 非共有電子対は共有電子対よりも占有体積が大きい．
③ 二重結合は一重結合よりも，三重結合は二重結合よりも，それぞれ占有体積が大きい

これらを基にルイス構造から，（AX_n型）分子の立体構造を予測する方法としてまとめると次のようになる．

> 基本則：ある原子のまわりの立体構造は，電子対の間の反発を最小にするように決まる．すなわち，ある原子のまわりの共有電子対および非共有電子対は，互いにできるだけ離れるように配置される．

これによって，中心原子 A のまわりの大まかな構造が決まる．さらに次の事項を使うと結合角の大小についてもある程度のことを予測することもできる．

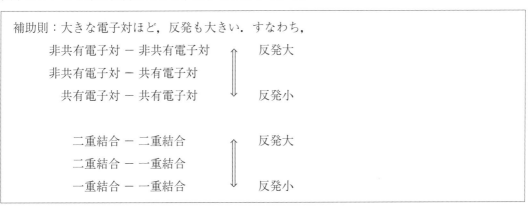

手順を具体的に書くと以下のようになる．

① ルイス構造を書く．ただし，中心原子がオクテット則を満たさない場合には，いったんそれを無視する．

② 中心原子のまわりの電子を数える．
中心原子の価電子数 N_A，まわりの原子の結合に参加する電子数 N_X，マイナス電荷の数

N_{MC} の和が中心原子のまわりの電子数 N_E となる.

$$N_E = N_A + N_X + N_{MC} \tag{1.11}$$

③ 中心原子のまわりの電子対の数を求める.この際,二重結合,三重結合など,多重結合に関わる電子対は,それぞれ,一対とする.すなわち,二重結合の数を n_{DB},三重結合の数を n_{TB} とすると,

$$n_{EP} = \frac{1}{2} N_E - n_{DB} - 2n_{TB} \tag{1.12}$$

④ お互いの反発が最も小さくなるようにまわりの電子対を配置する.

電子対の数	2	3	4	5	6
電子対の配置	直線	正三角形	正四面体	三方両錐体	正八面体

⑤ 電子対の配置から,原子の配置,すなわち,分子の形を推定する.電子対の配置と原子の配

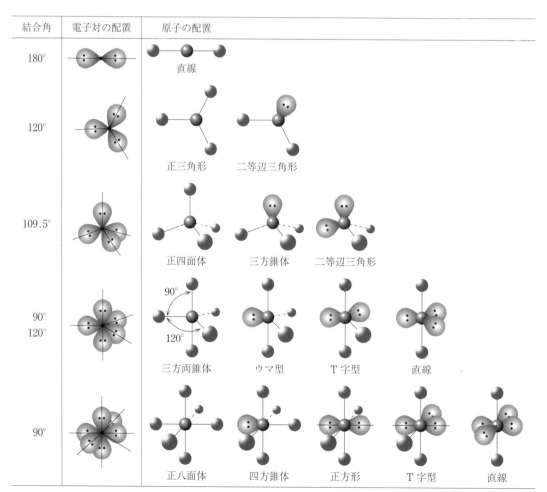

結合角	電子対の配置	原子の配置
180°		直線
120°		正三角形 　二等辺三角形
109.5°		正四面体 　三方錐体 　二等辺三角形
90° 120°		三方両錐体 　ウマ型 　T字型 　直線
90°		正八面体 　四方錐体 　正方形 　T字型 　直線

図1.3 電子対の配置と分子の形状

置は一般に異なることに注意しよう．中心原子から見たとき，その先に原子がある共有電子対に対し，非共有電子対の先には原子がないからである．たとえば，共有電子対が2つ，非共有電子対が1つならば，電子対の数は3なので，電子対の配置は正三角形，一方，非共有電子対の先には原子がないので，原子の配置は，中心原子と2つの周辺原子とで二等辺三角形となる．

いくつかの例を用いて具体的に見てみよう．

1. メタン分子 CH_4，アンモニア分子 NH_3，水分子 H_2O

メタン分子 CH_4 の形が正四面体，アンモニア分子 NH_3 の形が三方錐体（三角錐），水分子 H_2O の形が二等辺三角形であることは，よく知られた事実である．これらが電子対反発モデルによって正しく予測されることを最初に確かめてみよう．

これらの分子はルイス構造がよく知られているので，中心原子まわりの電子，電子対を数えることは容易であるが，ここでは上に述べた手順どおりにやってみる．

メタン分子 CH_4 の中心原子 C の価電子は $N_A = 4$ である．この中心原子に対し，まわりの4つの H 原子からはそれぞれ1つの電子が結合に参加する（$N_X = 4$）．さらに分子全体の電荷は0（$N_{MC} = 0$）である．したがって，中心原子 C のまわりの電子は，

$$N_E = N_A + N_X + N_{MC} = 8 \tag{1.13}$$

と数えられる．メタン分子は，多重結合をもたない（$n_{DB} = n_{TB} = 0$）ので，C 原子まわりの電子対の数は

$$n_{EP} = \frac{1}{2} N_E - n_{DB} - 2n_{TB} = 4 \tag{1.14}$$

となる．電子対の数が4の場合の電子対の配置は正四面体であり，C 原子のまわりの電子対はすべて共有電子対のため，メタン分子の原子の配置も正四面体である．4つの共有電子対，4つの H 原子はすべて等価なため，メタン分子は正確に正四面体構造をとり，CH 結合同士の結合角（$\angle HCH$）は $109.47°$（$= \cos^{-1}(-1/3)$）となる．

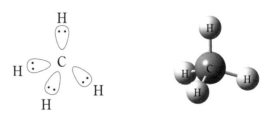

アンモニア分子 NH_3，水分子 H_2O の場合も同様に，中心原子の N 原子，O 原子のまわりの電子数を数えると，N 原子については，価電子数が5（$N_A = 5$），H 原子から結合に参加する電子数が計3（$N_X = 3$），また，O 原子については，価電子数が6（$N_A = 6$），H 原子から結合に参加する電子が計2（$N_X = 2$）であるため，いずれの場合にも，メタン分子と同じく $N_E = 8$ である．それゆえ，電子対の配置は正四面体となる．メタン分子と異なる点は，アンモニア分子の場合には電子対の1つが非共有電子対であるため，原子の配置は三方錐形，また，水分子の場合には電子対の2つが非共有電子対であるため，原子の配置は二等辺三角形となり，よく知られた分子の形が正しく予

測される.

　アンモニア分子，水分子の場合には，電子対は等価ではなく，実際には電子対の配置は正確な正四面体とはならない．前述の補助則により，非共有電子対が関わる電子対同士の反発は，共有電子対同士の反発よりも大きいためである．アンモニア分子の場合には，より大きな非共有電子対・共有電子対間の反発が，共有電子対同士の反発にまさり，共有電子対同士の角度が小さくなる．その結果，アンモニア分子の結合角は，（∠HNH）は，メタン分子と比べて

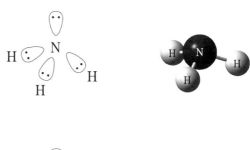

小さい（107.8°）．同様に，水分子の場合には，大きな非共有電子対同士の反発，非共有電子対・共有電子対間の反発が，共有電子対同士の角度をアンモニア分子のものよりもさらに小さくする．その結果，水分子の結合角は，104.5° となる．

　このように，電子対の反発とその大小関係から分子の立体構造の理解が可能である．

2. ホルムアルデヒド分子 H_2CO（多重結合がある場合）

　次に多重結合がある場合の例として，ホルムアルデヒド分子 H_2CO を考えてみよう．ホルムアルデヒド分子のルイス構造は以下のようになる．

$$
\begin{array}{c}
\text{H} \\
\ddot{\text{C}} :: \ddot{\text{O}} \\
\text{H}
\end{array}
\quad \text{または} \quad
\begin{array}{c}
\text{H} \\
\text{C} = \text{O} \\
\text{H}
\end{array}
$$

中心原子 C の価電子は，メタン分子同様 $N_A = 4$ である．この中心原子に対し，まわりの 2 つの H 原子からはそれぞれ 1 つの電子が結合に参加し，二価の原子である O 原子からは 2 つの電子が結合に参加する（$N_X = 4$）．また，分子全体の電荷は 0（$N_{MC} = 0$）である．したがって，中心原子 C のまわりの電子は，

$$
N_E = N_A + N_X + N_{MC} = 8 \tag{1.15}
$$

と数えられる．CO 結合は二重結合であるので（$n_{DB} = 1$, $n_{TB} = 0$），C 原子まわりの電子対の数は

$$
n_{EP} = \frac{1}{2} N_E - n_{DB} - 2n_{TB} = 3 \tag{1.16}
$$

となる．電子対の数が 3 の場合の電子対の配置は正三角形であり，これらの電子対はすべて共有電子対のため，ホルムアルデヒド分子の配置は C 原子を中心として，結合角が 120° である正三角形となる．

　しかしながら，一重結合同士（CH 結合同士）の反発よりも，一重結合と二重結合（CH 結合と CO 結合）の反発の方が大きいため，CH 結合同士の結合角

（∠HCH）は 120° よりもやや小さく（116.5°），CH 結合と CO 結合との結合角（∠HCO）は 120° よりもやや大きくなる（121.8°）．

3. 六塩化リンイオン PCl_6^-（電荷がある場合の例）

PCl_6^- イオンは電荷がある場合の例である．このイオンは，中心原子 P がオクテット則を満たさない．そのため，P 原子のオクテット則についてはいったん無視する．

中心原子まわりの電子を数えると，中心原子 P の価電子は 5（$N_A = 5$），6 つの Cl 原子から参加する電子は 6（$N_X = 6$），電荷が -1（$N_{MC} = 1$）であるから，電子数は

$$N_E = N_A + N_X + N_{MC} = 12 \tag{1.17}$$

また，結合はすべて一重結合（$n_{DB} = n_{TB} = 0$）なので，P 原子まわりの電子対の数は

$$n_{EP} = \frac{1}{2} N_E - n_{DB} - 2n_{TB} = 6 \tag{1.18}$$

となる．

電子対の数が 6 の場合の電子対の配置は正八面体であり，さらに，これらの電子対はすべて共有電子対である．したがって，PCl_6^- イオンは P 原子を中心とした正八面体である．

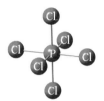

4. トリフェニルヒ素分子 $As(C_6H_5)_3$（X が原子の集まりである場合）

電子対反発モデルは，AX_n の X が原子の場合だけでなく，原子の集まりの場合にも用いることができる．例として，トリフェニルヒ素分子 $As(C_6H_5)_3$ を考えてみよう．X が原子ではなく原子の集まりと考える点を除いて，これまでの例とまったく同じように考えればよい．

中心原子 As の価電子は，$N_A = 5$ である．まわりの 3 つのフェニル基 $-C_6H_5$ は 1 価であるから，それぞれ 1 つの電子が結合に参加する（$N_X = 3$）．また，この分子は電荷をもたない．したがって，中心原子 As のまわりの電子は，

$$N_E = N_A + N_X + N_{MC} = 8 \tag{1.19}$$

である．As 原子とフェニル基の結合はすべて一重結合であるので（$n_{DB} = 0$，$n_{TB} = 0$），As 原子まわりの電子対の数は

$$n_{EP} = \frac{1}{2} N_E - n_{DB} - 2n_{TB} = 4 \tag{1.20}$$

となる．

電子対の数が 4 の場合の電子対の配置は正四面体である．3 つの共有電子対と 1 つの非共有電子対であるため，フェニル基を 1 つのグループと考えると分子の構造は As 原子を頂点とした三方錐体となる．

5. アセトアルデヒド分子 CH_3CHO（複数の中心原子をもつ場合）

これらのことを組み合わせると AX_n 型分子だけでなく，複数の中心原子をもつ分子にも電子対

反発モデルを拡張することができる．アセトアルデヒド分子 CH_3CHO を例にこれをみてみよう．

はじめに，メチル基 $-CH_3$ 中の C 原子を中心原子と考え，$-CH_3$ 中の H 原子，アルデヒド基 $-CHO$ をまわりの原子と考える．すなわち，アセトアルデヒド分子をいったん CH_3X とみなす．すると，アルデヒド基 $-CHO$ は H 原子と同じく 1 つの電子をもって中心原子との結合に参加するので，メタン分子の場合と同様にして正四面体形をとることが予測される．つづいて，アルデヒド基 $-CHO$ 中の C 原子を中心原子と考え，$-CHO$ 中の H 原子，O 原子，および，メチル基 $-CH_3$ をまわりの原子と考える．アルデヒド基も H 原子と同じく 1 つの電子をもって結合に参加するので，今度は，ホルムアルデヒド分子の場合と同じように正三角形構造をとることが予測される．これらをあわせると，アセトアルデヒド分子は，次のような形をとることがわかる．

なお，図の右側にあるアルデヒド基について O が上側にあるか H が上側にあるかによって，二種の構造が考えられる．これについては，メチル基上にある電子対とアルデヒド基上の電子対の反発は両者の間の距離が大きいため一概には言えず，電子対反発モデルの範囲外である．

ここでいくつか見たように，電子対反発モデルを用いた分子構造の予測法は，非常に有用な方法であるが，万能ではなく例外も存在する．たとえば，ペンタフェニルアンチモン分子 $Sb(C_6H_5)_5$ やペンタクロロインジウムイオン $InCl_5{}^{2-}$ は，電子対反発モデルによれば三方両錐形であると予測されるが，実際の形はいずれも四方錐形である．また，一般に中心原子が遷移金属元素の場合には，例外が数多く存在する．

演習問題

1. 次の化合物のルイス構造を書け．
   エチレン分子 CH_2CH_2，アミノメタン分子 CH_3NH_2，一酸化炭素分子 CO，二塩化硫黄分子 SCl_2，水酸化物イオン OH^-

2. 次の化合物の共鳴構造を形式電荷とともに書け．
   硝酸分子 HNO_3，炭酸イオン $CO_3{}^{2-}$

3. 共鳴の例として本文中で挙げたチオシアン酸イオン SCN^- の例では，本文に記したルイス構造のほかに，もう 1 つオクテット則を満たすものが存在する．そのルイス構造を書け．また，なぜそのルイス構造が共鳴に寄与するものとして考えられないか，理由を答えよ．

4. 次の化合物の形を電子対反発モデルに基づいて予測せよ．
   二水素化ベリリウム分子 BeH_2，アセチレン分子 HCCH，三酸化硫黄分子 SO_3，五フッ化ヨウ素 IF_5，三酸化ヨウ素イオン $IO_3{}^-$

5. 電子対反発モデルでは複数の分子構造の候補が考えられる場合がある. 例として ClF_3 分子を考えてみよう.

(1) ClF_3 分子について, 本文で述べた方法により, Cl 原子のまわりの電子対の配置は, 三方両錐形であることを示し, その電子対の配置から, 可能な分子構造をすべて書け.

(2) 電子対の配置が三方両錐形の場合には, 電子対同士の組み合わせは, 角度が 90° のもの, 120° のもの, 180° のものの 3 種類がある. この中で, 最も反発が大きい 90° の組み合わせについて, 共有電子対同士, 非共有電子対同士, 共有電子対と非共有電子対の組み合わせの数を数えることによって, もっとも反発が小さい分子構造を予測せよ.

現代の化学結合論 第2部

　第1部の古典的な化学結合論では，電子対が化学結合において重要な役割を担うこと，これに加えて，電子対がもつ互いに反発するという性質を利用すると分子の構造を簡便な方法で予測することができることを述べた．一方で，重要な役割を担う電子対の実体がどのようなものかについてはなにも述べていない．電子対は言葉の通り，電子のペア（対）である．電子対を理解するには，その構成要素である電子を理解する必要があるが，原子や分子の中の電子のように非常に小さな対象を記述することは古典的な力学ではできないためである．

　第2部では，微小な世界を記述する方法である量子力学に基づいて，化学結合および電子対を現代的な立場から解説する．はじめに，2章と3章で量子力学（量子論）が成立していく歴史的過程と基本方程式である波動方程式について述べる．続いて，4章では，化学結合を形成する要素である原子，特に，電子を収容する原子軌道と電子の原子軌道への入り方（電子配置）について詳しく解説する．原子軌道，電子配置の知識を基に，5章では，二原子分子の化学結合がどのように形成されるか，6章では，さらに，多原子分子の化学結合と分子間力について説明する．この過程で，電子対の実体はどのようなものか，化学結合の本質はなにか明らかになるはずである．

第2章 量子論ができるまで

19世紀末，ニュートン力学，電磁気学などの発展により大部分の現象は説明できるようになったが，いくつか古典論ではどうしても説明できない現象があり，その後の量子論の発展につながってゆく．本章では量子論の発展に重要な役割を果たした現象およびその後の量子論の発展の過程について解説する．

2.1 光の粒子性

光は干渉・回折など波動特有の性質を示し，典型的な波動の一種と考えられていた．このため光を伝える媒体はなにかという議論が行われていたほどである．しかし，黒体輻射や，光電効果など，波動と考えては解釈できない現象が観測され，光も粒子としての性質をもつことが明らかになってきた．

2.1.1 黒体輻射とは何か

すべての波長の光を吸収する仮想的な黒い物体を黒体という．黒体の温度を変化させたときにどのような波長の光を放出するか（黒体輻射）が研究された．理想的な黒体は実在しないが，それに近い観測可能なものとして図2.1の高温の炉からの空洞放射がある．炉に小さな穴を開け内部を観測すると，穴が十分小さければ，穴の外側から入射した光が反射されて穴から出て行く確率は無視できるため，この穴から放出される光は理想的な黒体輻射に近いと考えられる．どの波長の光をどのくらい放出するかを温度とともに図2.2に示す．紫から赤までの目で見える領域の波長は0.4〜0.8 μmである．赤より長波長の光を赤外線，紫より短波長の光を紫外線という．

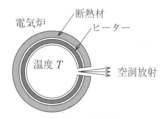

図2.1 空洞放射

炉を加熱していくと始めは赤く光り，さらに加熱すると白熱する．炉から放出される光の強度が最大になる波長$\lambda_{\max}$と温度Tの間には

$$\lambda_{\max} T = 一定 \tag{2.1}$$

というウィーンの変位則が成立する．図2.2の分布はニュートン力学・電磁気学などの古典論では説明できなかった．この現象を説明するため，プランクは光は$h\nu$の整数倍のエネルギーをもつ振動子から放出されていると

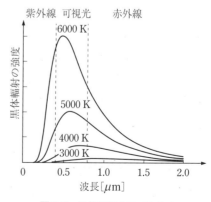

図2.2 黒体輻射のスペクトル

考えた（1900年）．エネルギーが連続でないという仮定は古典論では説明のできないことである．ここで ν は光の周波数，h はプランク定数で，6.626×10^{-34} J·s である．

2.1.2 光電効果

金属表面に光を当てると電子が飛び出す現象を光電効果という．実験装置を図2.3に示す．電子は特定の波長より短い波長の光を当てたときだけ放出される．出てくる場合には電子の数（流れる電流）は光の強度に比例する．アインシュタインは「光は $h\nu$ のエネルギーをもつ粒子である」と考えてこの現象を説明した（1905年）．これをアインシュタインの**光量子仮説**という．光は $h\nu$ のエネルギーをもつ粒子（光子）であり，このエネルギーが金属の表面が電子を引きつけているエネルギー W（仕事関数）よりも大きければ光子1個に対して電子が1個飛び出すと仮定するのである．エネルギー保存則より光のエネルギーと光電効果で飛び出す電子（光電子）の運動エネルギーには

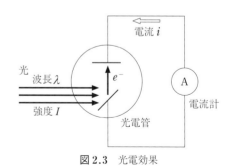

図2.3 光電効果

$$h\nu = W + \frac{1}{2}mv^2 \tag{2.2}$$

の関係がある．ここで m は電子の質量，v は電子の飛び出す速度である．$h\nu \geqq W$ と，光の波長 λ と振動数 ν には $c = \lambda\nu$ の関係があることを用いれば，

$$\lambda = \frac{c}{\nu} \leqq \frac{hc}{W} \tag{2.3}$$

となり，金属によって決まるある波長より短い波長でのみ光電子放出が起こることが説明できる．また光子の数と出てくる電子の数は同数なので，光の強度と電流の比例関係も説明できる．この業績によりアインシュタインはノーベル賞を受賞した．

2.1.3 コンプトン効果

アインシュタインは光子は h/λ の運動量をもつと予想していたが，1923年にコンプトンにより実験的に証明された．X線を物質に当て，散乱されるX線を観測する（図2.4）と，散乱角 θ の大きなX線ほど低いエネルギー（長い波長）をもつことがわかった．これはX線が物質中の電子との衝突により運動量の一部を電子に与え，X線のエネルギーが低下することにより起こる現象で，物質の種類によらない．これにより光が運動量をもつことが確かめられた．

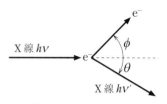

図2.4 コンプトン効果

2.2　物質の波動性

物質も干渉・回折など波動の性質を示すことが次第に明らかになってきた．ド・ブロイは物質も

$$\lambda = \frac{h}{p} \qquad\qquad (2.4)$$

の波長をもつ波として振る舞うと考えた（1923年）．これを**物質波**という．ここでλは物質波の波長，pは物質の運動量，hはプランク定数である．

電子線を物質に照射したとき，波動の性質である回折像がデヴィッソンとガーマーにより観測された（1925年）ことにより，この物質波の考えが正しいことが確かめられた．Ni結晶に図2.5のように電子線を照射し，散乱される電子線の強度の角度分布を測定する．金属表面の各ニッケル原子と衝突して散乱した電子の物質波の干渉により，特定の角度に散乱される電子線に強度のピークが現れる．

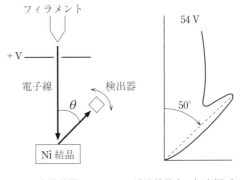

図2.5 電子線回折

このように，光も物質も粒子としての性質と波動としての性質の両方をもつ．これを**物質と波動の二重性**という．

2.3　水素原子のスペクトル

19世紀の中頃から，炎や気体の放電からの発光が観測され，それぞれの原子が特定の波長のスペクトルを示すことが明らかになった．観測装置を図2.6に示す．

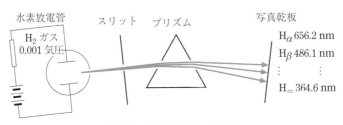

図2.6 水素の原子スペクトル

1885年にバルマーは水素原子の可視・紫外領域のスペクトルが，次のような簡単な関係式に従うことを発見した．

$$\lambda = \frac{364.7\,n^2}{(n^2-4)}\ \text{nm} \qquad (n = 3,\ 4,\ 5,\ \cdots) \qquad (2.5)$$

これらのスペクトルをバルマー系列という．その後水素原子のスペクトルは，紫外域のライマン系列，赤外域のパッシェン系列などが観測された．水素原子のスペクトル系列を表2.1に示す．

リュードベリはこれらの系列すべてが，次のような簡単な関係式を満たすことを発見した．

$$\frac{1}{\lambda} = R_\mathrm{H}\left(\frac{1}{m^2} - \frac{1}{n^2}\right) \qquad (m = 1,\ 2,\ 3,\ \cdots;\ n > m) \qquad (2.6)$$

表 2.1　水素原子のスペクトル系列

系列	m	n	$n = m+1$ (nm)	$n = \infty$ (nm)	波長領域
ライマン（Lyman）	1	2, 3, 4, $\cdots$	121.6	91.18	真空紫外
バルマー（Balmer）	2	3, 4, 5, $\cdots$	656.5	364.7	可視・紫外
パッシェン（Paschen）	3	4, 5, 6, $\cdots$	1876	820.6	近赤外
ブラケット（Brackett）	4	5, 6, 7, $\cdots$	4052	1459	赤外・近赤外
プント（Pfund）	5	6, 7, 8, $\cdots$	7460	2279	赤外

ここで R_H はリュードベリ定数であり，$R_H = 109678\ \mathrm{cm}^{-1}$ である．m, n は正の整数で，$m < n$ である．ライマン系列，バルマー系列，パッシェン系列，$\cdots$ についてそれぞれ $m = 1$, 2, 3, $\cdots$ となる．ただしこれらの式はあくまで経験式であり，そもそもなぜスペクトルがとびとびなのか，なぜこのような関係が成り立つのかは古典論では説明できなかった．

2.4　ボーアの前期量子論

水素原子のスペクトルを説明することに最初に成功したのはボーアである（1913年）．ボーアはこのスペクトルを説明するため次のような仮定をした．

(1)　電子は原子核を中心とした円軌道上を動く（等速円運動，図2.7）.

(2)　角運動量が $h/2\pi$ の整数倍になる軌道のみが許される（ボーアの量子条件）ため，軌道のエネルギーはとびとびである．

$$mvr = \frac{nh}{2\pi} \qquad (n = 1,\ 2,\ 3,\ \cdots) \tag{2.7}$$

(3)　1つの軌道から他の軌道に移るとき軌道のエネルギー差に対応するエネルギーの光子を放出する．

$$E = h\nu = E_i - E_f \tag{2.8}$$

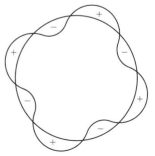

図2.7　ボーア模型

まず，ボーアの量子条件がどのような意味があるかを考えてみよう．式 (2.7) とド・ブロイの物質波の式 (2.4) を用いると，円軌道を1周した距離は

$$2\pi r = \frac{nh}{mv} = n\lambda \qquad (n = 1,\ 2,\ 3,\ \cdots) \tag{2.9}$$

となり，電子の運動を物質波として考えたときの波長の整数倍に対応していることがわかる．つまり軌道の円周上で波が干渉により減衰せずに，図2.8に示すような安定な定在波が立つ条件に対

図2.8　安定な軌道（$n = 4$ の場合）

応している.

　図2.7より円軌道上を等速円運動している電子のマイナス電荷と陽子のプラス電荷の間に働くクーロン引力と電子が回転運動するときに働く遠心力は釣り合っていなければならないので

$$\frac{mv^2}{r} = \frac{1}{4\pi\varepsilon_0}\frac{e^2}{r^2} \tag{2.10}$$

この式に，式 (2.7) の量子条件を代入し，v を消去すると，許される軌道の半径は，

$$r = \frac{\varepsilon_0 h^2}{\pi m e^2}n^2 = a_{\mathrm{B}}n^2 \qquad (n = 1,\ 2,\ 3,\ \cdots) \tag{2.11}$$

となる．a_{B} はボーア半径で 5.292×10^{-11} m であり，水素原子の $n = 1$ 状態の軌道半径を表す．全エネルギーは運動エネルギーとポテンシャルエネルギーの和であるから，式 (2.10) を用いると，

$$E = \frac{1}{2}mv^2 - \frac{1}{4\pi\varepsilon_0}\frac{e^2}{r} = -\frac{1}{2}mv^2 = -\frac{1}{4\pi\varepsilon_0}\frac{e^2}{2r} \tag{2.12}$$

式 (2.11) を代入すると，

$$E = -\left(\frac{me^4}{8\varepsilon_0{}^2 h^2}\right)\frac{1}{n^2} \qquad (n = 1,\ 2,\ 3,\ \cdots) \tag{2.13}$$

これにより水素原子が図 2.9 に示すようなとびとびのエネルギー準位をもつことがわかる．式 (2.13) と，仮定 (3) より，放出される光子のエネルギーも容易に計算でき，リュードベリ定数を，

$$R_{\mathrm{H}} = \frac{me^4}{8\varepsilon_0{}^2 h^3 c} \tag{2.14}$$

として，式 (2.6) が成立することが容易に導出できる．またこの式より計算されるリュードベリ定数の値は実験より求められた値と一致する．水素分子のエネルギー準位とライマン系列やバルマー系列の発光スペクトルがどのように対応しているかを図 2.9 に示した．

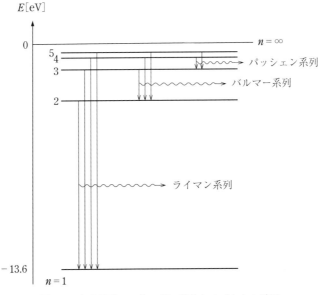

図 2.9　水素原子のエネルギー準位とスペクトル系列

1. 式 (2.6) より式 (2.5) を導け.

2. 式 (2.6) よりライマン系列の波長を最も波長の長い方から 3 個計算せよ.

3. 式 (2.13) より式 (2.6) および式 (2.14) を導け.

4. 軌道半径を表す式 (2.11) を導け.

量子力学と波動方程式

ボーアの前期量子論は水素原子のスペクトルに関しては画期的成功を収めたが，一般の原子や分子に適用することはできなかった．また物質と波動の二重性などの問題も解決していなかった．これらの解決を与えたのが量子力学である．まず初めに一般的な平面波，古典的な波の方程式について述べ，シュレーディンガー方程式の導入に至る経緯を解説する．次にシュレーディンガー方程式および波動関数の意味について解説する．

3.1 平面波の波動方程式

最も簡単な波動の実例として正弦波およびそれを複素数に拡張した平面波を取り上げ，それが満たす波動方程式について解説する．

3.1.1 正弦波

位置 x，時刻 t の正弦波の波の高さ（変位）は，

$$\phi(x,\,t) = A \sin 2\pi\left(\frac{x}{\lambda} - \frac{t}{T}\right) = A \sin 2\pi(kx - \nu t) \tag{3.1}$$

で表される．A は振幅，$(x/\lambda - t/T)$ は波の位相である．x が $x+\lambda$，t が $t+T$ に変わっても同じ ϕ の値を与えることから，λ は波の波長，T は周期であることがわかる．波長の逆数 k は波数と呼ばれる．周期の逆数 ν は 1 秒間に波が振動する数で，波の周波数である．

$$\nu = \frac{1}{T}, \qquad k = \frac{1}{\lambda} \tag{3.2}$$

波のピークは位相 $2\pi(x/\lambda - t/T) = \pi/2$ の位置である．t が $\mathrm{d}t$ 進んだときに波のピークは $x+\mathrm{d}x$ にあるとすると $(\mathrm{d}x/\lambda - \mathrm{d}t/T) = 0$ より波は速度

$$v = \frac{\mathrm{d}x}{\mathrm{d}t} = \frac{\lambda}{T} = \lambda\nu \tag{3.3}$$

で進行することがわかる．一般に電場と磁場の周期的な変動が空間を光速で伝播する現象を電磁波といい，このうち赤外・可視・紫外領域の波長をもつものを光とよんでいる．電磁波の場合は伝搬速度は光速 c なので

$$c = \lambda\nu \tag{3.4}$$

となる．

3.1.2 一般の平面波

量子力学で一般に取り扱う波動は複素数の変位をもつので，式 (3.1) を複素数に拡張すると次の

ようになる.

$$\psi(x,\,t) = A\exp\left\{2\pi i\left(\frac{x}{\lambda} - \frac{t}{T}\right)\right\} = A\exp\{2\pi i\,(kx - \nu t)\} \tag{3.5}$$

波長 λ, 周期 T, 波数 k, 周波数 ν の定義は先ほどと同じであり, 振幅 A は一般には複素数である. この波動を 1 次元の平面波という. オイラーの関係式,

$$\exp(i\theta) = \cos\theta + i\sin\theta \tag{3.6}$$

に注意すれば $\psi(x,\,t)$ は x について λ, t について T ごとに繰り返す複素数の波であることがわかる. これを拡張して 3 次元の平面波は,

$$\psi(x,\,y,\,z,\,t) = A\exp\{2\pi i\,(k_x\,x + k_y\,y + k_z\,z - \nu t)\} \tag{3.7}$$

と表される.

3.1.3 波動方程式

式 (3.5) で示す 1 次元の平面波は, どのような方程式を満たすのか考えてみよう. この式を x で偏微分すると次のようになる.

$$\frac{\partial\psi}{\partial x} = i\left(\frac{2\pi}{\lambda}\right)\psi$$

ド・ブロイの式 $\lambda = h/p$ を用いると,

$$-i\hbar\frac{\partial\psi}{\partial x} = p_x\,\psi \tag{3.8}$$

ここで $\hbar = h/2\pi$ である. $-i\hbar\,\partial/\partial x$ のように関数に作用して別の関数に変化させる作用をするものを演算子という. この式は, 平面波の関数に x 方向の運動量を作用させることは演算子 $-i\hbar\,\partial/\partial x$ を作用させることと等価であることを示している.

次に質量 m の粒子が外部から力を受けずに x 軸上を運動している場合を考えよう (1 次元の自由粒子). この粒子の物質波にも式 (3.8) が成立すると仮定してみよう. 粒子の運動エネルギーが $E = p_x{}^2/2m$ となることに注意すれば,

$$-\left(\frac{\hbar^2}{2m}\right)\left(\frac{\partial^2}{\partial x^2}\right)\psi = \left(\frac{p_x{}^2}{2m}\right)\psi = E\psi \tag{3.9}$$

となる. これを 1 次元の自由粒子の**波動方程式**という. 3 次元の自由粒子に拡張すると, 3 次元の自由粒子の波動方程式

$$-\left(\frac{\hbar^2}{2m}\right)\left(\frac{\partial^2}{\partial x^2} + \frac{\partial^2}{\partial y^2} + \frac{\partial^2}{\partial z^2}\right)\psi = E\psi \tag{3.10}$$

が得られる. 式 (3.8) を仮定して得られた結果であるが, 式 (3.10) は実際にも成立することが, 知られている.

3.1.4 ハミルトニアンと波動方程式

式 (3.10) は 3 次元の自由粒子のエネルギー $E = (p_x{}^2 + p_y{}^2 + p_z{}^2)/2m$ で

$$p_x \rightarrow -i\hbar \frac{\partial}{\partial x}$$

$$p_y \rightarrow -i\hbar \frac{\partial}{\partial y}$$

$$p_z \rightarrow -i\hbar \frac{\partial}{\partial z} \tag{3.11}$$

と置き換え，両辺を波動を表す関数に作用させると得られることがわかる．時間に依存しないポテンシャル中を動いている一般の粒子についてもこの関係が成立すると仮定してみよう．全エネルギー E は座標の関数であるポテンシャルを $V(x, y, z)$ として，

$$E = H(p_x, p_y, p_z, x, y, z) = \frac{p_x{}^2 + p_y{}^2 + p_z{}^2}{2m} + V$$

と表される．全エネルギーを位置と運動量の関数として表す古典的な表記をハミルトン関数 $H(p_x, p_y, p_z, x, y, z)$ という．式 (3.11) を適用し，波動を表す関数に作用させれば

$$\left[-\left(\frac{\hbar^2}{2m} \right) \left(\frac{\partial^2}{\partial x^2} + \frac{\partial^2}{\partial y^2} + \frac{\partial^2}{\partial z^2} \right) + V(x, y, z) \right] \phi = E\phi \tag{3.12}$$

となる．この方程式は実際に時間に依存しないポテンシャル中の粒子について成立することが知られている．式 (3.11) の置き換えを**対応原理**，得られた式 (3.12) を**時間に依存しないポテンシャル中の1粒子の波動方程式**という．ポテンシャルが時間に依存しないため，波動を表す関数 ϕ（これ以降，**波動関数**とよぶ）は座標 x, y, z のみの関数となり，エネルギー E と波動関数 ϕ は時間に依存しない．

3.2 シュレーディンガー方程式

原子や分子の運動を説明する力学である量子力学は，シュレーディンガー（Schrödinger）により波動力学，ハイゼンベルク（Heisenberg）により行列力学として独立に開拓され，のちにこれらは等価であることが証明された．ここでは初心者にわかりやすいシュレーディンガーの方法に従って，波動力学の初歩を解説しよう．簡単のためポテンシャルがあらわに時間に依存しない場合のみについて解説する．

3.2.1 シュレーディンガー方程式

シュレーディンガーはポテンシャルが時間に依存しない一般の系でも，運動エネルギーとポテンシャルエネルギーを合わせた**全エネルギーに対応する古典的なハミルトン関数を対応原理，式 (3.11)，で置き換えて得られた演算子をハミルトニアン** $\mathcal{H}$ として

$$\mathcal{H}\phi = E\phi \tag{3.13}$$

が成立すると考えた．系の古典的ハミルトン関数（全エネルギー）は

$$H(\cdots, p_{x_i}, p_{y_i}, p_{z_i}, \cdots x_i, y_i, z_i, \cdots)$$

$$= \sum_i \left(\frac{1}{2m_i} \right) (p_{x_i}{}^2 + p_{y_i}{}^2 + p_{z_i}{}^2) + V(\cdots, x_i, y_i, z_i, \cdots) \tag{3.14}$$

と表される．p_{x_i}，p_{y_i}，p_{z_i}，x_i，y_i，z_i は系の i 番目の粒子の運動量と座標の x，y，z 成分である．すべての粒子について対応原理，式 (3.11)，がそれぞれ成立するとして変換すれば，

$$\mathcal{H} = -\sum_i \left(\frac{\hbar^2}{2m_i} \right) \left(\frac{\partial^2}{\partial x_i{}^2} + \frac{\partial^2}{\partial y_i{}^2} + \frac{\partial^2}{\partial z_i{}^2} \right) + V(\cdots, x_i, y_i, z_i, \cdots) \tag{3.15}$$

となるので式 (3.13) は次のようになる．

$$\left[-\sum_i \left(\frac{\hbar^2}{2m_i} \right) \left(\frac{\partial^2}{\partial x_i{}^2} + \frac{\partial^2}{\partial y_i{}^2} + \frac{\partial^2}{\partial z_i{}^2} \right) + V(\cdots, x_i, y_i, z_i, \cdots) \right] \psi = E\psi \tag{3.16}$$

ポテンシャルが時間に依存しないため，波動関数 ψ は座標$\cdots$，x_i，y_i，z_i，$\cdots$ のみの関数となり，エネルギー E と波動関数 ψ は時間に依存しない．式 (3.13)(もしくは式 (3.16)) を時間に依存しない**シュレーディンガー方程式**という．シュレーディンガー方程式は，何か他のものから証明できるものではなく，量子力学の公理であって，それから計算される結果が実験と一致するので物理法則として正しいと現在考えられている．

3.2.2　波動関数と確率解釈

方程式 (3.16) は一般には多数の解をもつが，どのエネルギー E に対しても解が存在するわけではない．解が存在するエネルギー E を**固有値**という．古典力学と異なり**固有値は一般にはとびとびの値のみが許される**．各固有値に対し，それに対応する解 ψ (波動関数)が存在する．それでは，波動関数 ψ にはどのような意味があるのだろうか？式 (3.13) の波動関数は定数倍しても同じ式を満たすので，そのままでは解は一意には定まらない．このため，まず絶対値の 2 乗の全空間についての積分が 1 となるように波動関数を決める．

$$\int_{-\infty}^{\infty} |\psi|^2 \mathrm{d}x_1 \mathrm{d}y_1 \mathrm{d}z_1 \mathrm{d}x_2 \mathrm{d}y_2 \mathrm{d}z_2 \cdots = 1 \tag{3.17}$$

この操作を**規格化**という．**波動関数が規格化されているとき，波動関数の絶対値の 2 乗は粒子がその点に存在する確率密度を表す**と考えられている．すなわち，$|\psi(\cdots, x_i, y_i, z_i, \cdots)|^2 \mathrm{d}x_1 \mathrm{d}y_1 \mathrm{d}z_1 \mathrm{d}x_2$ $\mathrm{d}y_2 \mathrm{d}z_2 \cdots$ が粒子 1 を $x_1 \sim x_1 + \mathrm{d}x_1$，$y_1 \sim y_1 + \mathrm{d}y_1$，$z_1 \sim z_1 + \mathrm{d}z_1$ の微小体積中に，粒子 2 を $x_2 \sim x_2 + \mathrm{d}x_2$，$y_2 \sim y_2 + \mathrm{d}y_2$，$z_2 \sim z_2 + \mathrm{d}z_2$ の微小体積中に，$\cdots$，とすべての粒子を対応する微小体積中に見いだす確率を表すと考えられている．この考え方を，**波動関数の確率解釈**という．式 (3.17) の意味は，全空間に系の全粒子を見いだす確率は 1 であることを表している．波動関数は，一般には複素関数であり，**1 価，連続，有限**な関数でなければならない．

3.2.3　シュレーディンガー方程式の簡単な実例

シュレーディンガー方程式の最も簡単な例として 1 次元のポテンシャル井戸の中の自由粒子について考えてみよう．

$$\begin{array}{lll} x \geqq a & \text{のとき} & V = \infty \\ a > x > 0 & \text{のとき} & V = 0 \\ x \leqq 0 & \text{のとき} & V = \infty \end{array} \tag{3.18}$$

となるような1次元のポテンシャル井戸を考えよう.
$a > x > 0$では$V = 0$となるので, $E = p_x{}^2/2m$であり, $p_x \rightarrow -i\hbar\, \mathrm{d}/\mathrm{d}x$の置き換えをすればハミルトニアンは

$$\mathcal{H} = -\left(\frac{\hbar^2}{2m}\right)\left(\frac{\mathrm{d}^2}{\mathrm{d}x^2}\right) \tag{3.19}$$

となる. この場合1次元で変数はxのみなので, ここでは偏微分ではなく常微分を用いて表している. したがって, シュレーディンガー方程式は

$$\mathcal{H}\psi = -\left(\frac{\hbar^2}{2m}\right)\left(\frac{\mathrm{d}^2}{\mathrm{d}x^2}\right)\psi = E\psi \tag{3.20}$$

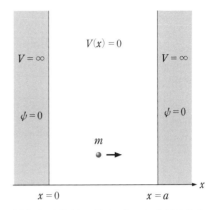

図3.1 1次元のポテンシャル井戸の中の自由粒子

となる. この微分方程式を解くには式(3.20)を次のように変形する.

$$\left(\frac{\mathrm{d}}{\mathrm{d}x} + \frac{i\sqrt{2mE}}{\hbar}\right)\left(\frac{\mathrm{d}}{\mathrm{d}x} - \frac{i\sqrt{2mE}}{\hbar}\right)\psi = 0 \tag{3.21}$$

括弧内の2つの演算子は交換可能(順番を入れ替えても同じ微分方程式になる)なので,

$$\left(\frac{\mathrm{d}}{\mathrm{d}x} + \frac{i\sqrt{2mE}}{\hbar}\right)\psi = 0 \tag{3.22}$$

$$\left(\frac{\mathrm{d}}{\mathrm{d}x} - \frac{i\sqrt{2mE}}{\hbar}\right)\psi = 0 \tag{3.23}$$

のどちらの解も式(3.21)の解となる. 式(3.22)を変形すれば

$$\frac{\mathrm{d}\psi}{\psi} = -i\left(\frac{\sqrt{2mE}}{\hbar}\right)\mathrm{d}x \tag{3.24}$$

この式を積分すれば, 積分定数をCとして解は,

$$\log\psi = -i\left(\frac{\sqrt{2mE}}{\hbar}\right)x + C$$

より

$$\psi = A\exp\left[-i\left(\frac{\sqrt{2mE}}{\hbar}\right)x\right] \quad \text{ここで} \quad A = \exp(C) \tag{3.25}$$

となる. 同様に式(3.23)の解は,

$$\psi = A'\exp\left[i\left(\frac{\sqrt{2mE}}{\hbar}\right)x\right] \tag{3.26}$$

となる. よって, 式(3.25)と式(3.26)を足し合わせたものが式(3.21)の一般解となる.

$$\psi = A\exp\left[-i\left(\frac{\sqrt{2mE}}{\hbar}\right)x\right] + A'\exp\left[i\left(\frac{\sqrt{2mE}}{\hbar}\right)x\right] \tag{3.27}$$

オイラーの関係式$\exp(i\theta) = \cos\theta + i\sin\theta$を用いれば,

$$\psi = (A'+A)\cos\left[\left(\frac{\sqrt{2mE}}{\hbar}\right)x\right] + i(A'-A)\sin\left[\left(\frac{\sqrt{2mE}}{\hbar}\right)x\right] \tag{3.28}$$

となる. ポテンシャルが無限大となる$x = 0$と$x = a$では波動関数は0になる(**境界条件**). つま

りポテンシャルが無限大の壁の中に粒子が入ることはできないので粒子の存在確率が 0 となる．$x = 0$ で $\phi = 0$ より，cos の項は存在しない（$A' = -A$）．また $x = a$ で $\phi = 0$ となる条件より，定数を $i(A' - A) = B$ と置き換えれば

$$\phi = B \sin\left[\left(\frac{\pi n}{a}\right)x\right] \tag{3.29}$$

ここで，n は整数で，$\left(\frac{\pi n}{a}\right) = \frac{\sqrt{2mE}}{\hbar}$ より，

$$E_n = \left(\frac{h^2}{8ma^2}\right)n^2 \qquad (n = 1,\, 2,\, 3,\, \cdots) \tag{3.30}$$

である．n を**量子数**という．これ以降エネルギー E_n や波動関数 ϕ_n を，添え字に量子数 n をつけて区別する．

　$n = 0$ は全領域で $\phi = 0$ となる関数を表し，この関数は式 (3.20) の解ではあるが，全領域で粒子の存在確率が 0 となる解は物理的には意味のない解である．一般にシュレーディンガー方程式 (3.13) は常に $\phi = 0$ という数学的解（自明解）をもつが，これは物理的には意味のない解である．物理的に意味のある解を得るには，全領域で 0 ではない解（非自明解）を求めなければならない．

　最後に波動関数を規格化すると，

$$\int_{-\infty}^{\infty} |\psi_n|^2 \, \mathrm{d}x = \int_{-\infty}^{\infty} \psi_n{}^* \psi_n \mathrm{d}x = |B|^2 \int_0^a \sin^2\left[\left(\frac{\pi n}{a}\right)x\right]\mathrm{d}x = |B|^2 \left(\frac{a}{2}\right) = 1 \tag{3.31}$$

より，$B = (2/a)^{1/2}$ ととればよいので，規格化された波動関数は，

$$\psi_n = \left(\frac{2}{a}\right)^{\frac{1}{2}} \sin\left[\left(\frac{\pi n}{a}\right)x\right] \tag{3.32}$$

となる．エネルギーおよび対応する波動関数を図 3.2 に示すが，古典力学と著しく異なる次の特徴がある．

(1) **エネルギーは式 (3.30) で表されるように，量子数 n で区別されるとびとびの値をとる．**$n = 1$ の最低のエネルギー準位（基底状態）でもエネルギーは 0 とならない．これを**零点エネルギー**という．絶対 0 度でも粒子の運動を止めることはできない．

(2) 量子力学では粒子がどこに存在するか言うことはできない．ただ粒子がその場所に存在する確率を波動関数から計算することができるだけである．それぞれの状態には波

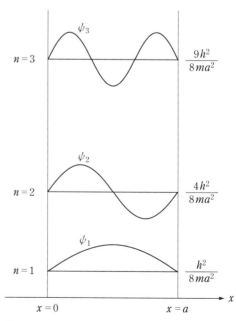

図 3.2 1 次元のポテンシャル井戸の中の自由粒子のエネルギー準位と波動関数

動関数が0となる場所がある．これを波動関数の**ノード**(節)という．ノードの点における粒子の存在確率は0である．またノードが多い状態ほどエネルギーが高い．

(3) 異なるエネルギーに対応する波動関数について次の積分を行うと，

$$\int_{-\infty}^{\infty} \psi_n{}^* \psi_m \, \mathrm{d}x = \int_0^a \left(\frac{2}{a}\right)^{\frac{1}{2}} \sin\left[\left(\frac{\pi n}{a}\right)x\right] \left(\frac{2}{a}\right)^{\frac{1}{2}} \sin\left[\left(\frac{\pi m}{a}\right)x\right] \mathrm{d}x = \delta_{nm} \qquad (3.33)$$

となる．δ_{nm} はクロネッカーの δ と呼ばれ，$n = m$ のとき1，$n \neq m$ のとき0を表す．

$n = m$ のとき1なのは，波動関数を規格化しているからである．**$n \neq m$ のとき0となる性質を直交性という**．両方合わせて式 (3.33) の性質を**規格直交性**という．

演習問題

1. 式 (3.28) より式 (3.29) と式 (3.30) を導け．

2. 式 (3.33) を証明せよ．

3. 任意の波動関数 ϕ, ψ について次の式が成立することを示せ．ただし $x = \pm\infty$ で $\phi = \psi = 0$ とする．

$$\int_{-\infty}^{\infty} \phi(x)^* \left(-i\hbar \frac{\mathrm{d}}{\mathrm{d}x}\right) \psi(x) \, \mathrm{d}x = \left[\int_{-\infty}^{\infty} \psi(x)^* \left(-i\hbar \frac{\mathrm{d}}{\mathrm{d}x}\right) \phi(x) \, \mathrm{d}x\right]^* \qquad (3.34)$$

任意の波動関数 ϕ, ψ について，演算子 A が次の式

$$\int_{-\infty}^{\infty} \phi(x)^* A\psi(x) \, \mathrm{d}x = \left[\int_{-\infty}^{\infty} \psi(x)^* A\phi(x) \, \mathrm{d}x\right]^* \qquad (3.35)$$

を満たすとき，演算子 A を**エルミート演算子**という．ここでは詳しくは述べないが，量子力学で扱う**物理量に対応するすべての演算子はエルミート演算子である**という公理がある．

4. 任意のエルミート演算子 A が，固有値 a，固有関数 ψ に対し式 (3.13) と同じ形の固有値方程式 $A\psi = a\psi$ を満たすとき，**固有値 a は実数である**ことを示せ．

5. エルミート演算子の**異なる固有値に対応する固有関数は直交する**ことを示せ．

付　録

以下は少し高度な内容なので，読み飛ばして次の章に進みあとで勉強してもよい．

A. 1次元の一般のポテンシャル中の1粒子の波動関数の求め方

一般のポテンシャル $V(x)$ 中の粒子のエネルギーや，波動関数を求める方法について具体的に述べる．$E = p_x{}^2/2m + V(x)$ なのでハミルトニアンは，

$$\mathcal{H} = -\left(\frac{\hbar^2}{2m}\right)\left(\frac{\mathrm{d}^2}{\mathrm{d}x^2}\right) + V(x) \qquad (A1)$$

であり，解くべき波動方程式は，

$$\mathcal{H}\phi(x) = \left[-\left(\frac{\hbar^2}{2m}\right)\left(\frac{\mathrm{d}^2}{\mathrm{d}x^2}\right) + V(x)\right]\phi(x) = E\phi(x) \tag{A2}$$

である．式 (3.32) の sin 関数はフーリエ級数展開の展開関数の組となっており，フーリエ級数展開の原理より $x = 0$ および $x = a$ で $\phi = 0$ となるいかなる波動関数も式 (3.32) の関数の一次結合として展開できる（**波動関数の完全性**）．

$$\phi(x) = \sum_i c_i \psi_i(x) \tag{A3}$$

ここで c_i は展開係数である．このように展開に用いる規格直交した関数の組 $\psi_1(x)$, $\psi_2(x)$, $\psi_3(x)$, $\cdots$ を**基底関数**という．ハミルトニアンを基底関数 $\psi_n(x)$ に作用させると，新たな関数 $\mathcal{H}\psi_n(x)$ となるが，この関数も $\psi_1(x)$, $\psi_2(x)$, $\psi_3(x)$, $\cdots$ で展開できるはずである．

$$\mathcal{H}\psi_n(x) = \sum_i H_{in}\psi_i(x) \tag{A4}$$

ここで，H_{in} は展開係数である．左から $\psi_m(x)^*$ を掛けて全区間で積分すると，

$$\int_{-\infty}^{\infty}\psi_m(x)^* \,\mathcal{H}\psi_n(x)\,\mathrm{d}x = \sum_i H_{in}\int_{-\infty}^{\infty}\psi_m(x)^*\,\psi_i(x)\,\mathrm{d}x = \sum_i H_{in}\,\delta_{mi} = H_{mn} \tag{A5}$$

となる．式 (A2) に左から $\psi_m(x)^*$ を掛けて全区間で積分すると

$$\begin{aligned}
\int_{-\infty}^{\infty}\psi_m(x)^* \,\mathcal{H}\phi(x)\,\mathrm{d}x &= \int_{-\infty}^{\infty}\psi_m(x)^* \,\mathcal{H}\sum_i c_i\,\psi_i(x)\mathrm{d}x = \sum_i c_i\int_{-\infty}^{\infty}\psi_m(x)^* \,\mathcal{H}\psi_i(x)\,\mathrm{d}x \\
&= \sum_i c_i\, H_{mi} \\
&= \int_{-\infty}^{\infty}\psi_m(x)^* E\phi(x)\,\mathrm{d}x = \int_{-\infty}^{\infty}\psi_m(x)^* E\sum_i c_i\,\psi_i(x)\,\mathrm{d}x \\
&= E\sum_i c_i\int_{-\infty}^{\infty}\psi_m(x)^*\,\psi_i(x)\,\mathrm{d}x = E\sum_i c_i\,\delta_{mi} = Ec_m
\end{aligned} \tag{A6}$$

よって，

$$\sum_i H_{mi}\,c_i = Ec_m \tag{A7}$$

が成立する．式 (A7) を行列の形で表記すれば，

$$\begin{pmatrix} H_{11} & H_{12} & H_{13} & \cdots & H_{1n} & \cdots \\ H_{21} & H_{22} & H_{23} & \cdots & H_{2n} & \cdots \\ H_{31} & H_{32} & H_{33} & \cdots & H_{3n} & \cdots \\ \vdots & \vdots & \vdots & & \vdots & \\ H_{m1} & H_{m2} & H_{m3} & \cdots & H_{mn} & \cdots \\ \vdots & \vdots & \vdots & & \vdots & \end{pmatrix}\begin{pmatrix} c_1 \\ c_2 \\ c_3 \\ \vdots \\ c_m \\ \vdots \end{pmatrix} = E\begin{pmatrix} c_1 \\ c_2 \\ c_3 \\ \vdots \\ c_m \\ \vdots \end{pmatrix} \tag{A8}$$

となる．ここで式 (3.20)，式 (3.30)，および式 (3.32) より

$$-\left(\frac{\hbar^2}{2m}\right)\left(\frac{\mathrm{d}^2}{\mathrm{d}x^2}\right)\phi_n = \left(\frac{h^2}{8ma^2}\right)n^2\phi_n \qquad (n = 1,\,2,\,3,\,\cdots) \tag{A9}$$

に注意すれば，

$$\begin{aligned}
H_{mn} &= \int_{-\infty}^{\infty}\psi_m(x)^* \,\mathcal{H}\psi_n(x)\,\mathrm{d}x \\
&= \left(\frac{h^2}{8ma^2}\right)n^2\delta_{mn} + \int_{-\infty}^{\infty}\psi_m(x)^*V(x)\psi_n(x)\,\mathrm{d}x
\end{aligned} \tag{A10}$$

となる．**行列要素 H_{mn}** は式 (A10) を数値積分で計算すれば求めることができる．

式（A2）の 2 階微分方程式が，基底関数で展開することにより連立 1 次方程式に変換された．量子力学では式（A8）を**永年方程式**とよぶ（線形代数では**固有値方程式**とよぶ）．実際の計算では，行列要素を計算し，連立 1 次方程式（A8）をコンピューターで解くことにより，エネルギー固有値と対応する波動関数を求めることができる．あるエネルギー固有値に対応して，連立 1 次方程式の解としては複素数の係数 $c_1, c_2, c_3, \cdots$ が求まり，式（A3）のように基底関数の線形結合をとれば，対応する波動関数を求めることができる．式（A8）は通常無限次元の方程式であるが，それでは計算できないので，実際には有限次元で式（A3），式（A4）の展開を打ち切り有限次元の式（A8）を解いて近似的に解を求める．

演　習

実際にこの計算を行うプログラムを九州大学理学部化学科ホームページ（http://www.scc. kyushu-u.ac.jp/cbt/）で公開しているので，興味のある読者は，ダウンロードして自分のコンピューターで動かしてみるとよい．基底関数の 1 次元のポテンシャル井戸の大きさは，計算したい波動関数が井戸の両脇で十分に 0 に近くなる大きさに選ぶ必要がある．また行列の次元数も結果がほとんど変わらなくなるまで大きくする必要がある．

B. 不確定性原理

粒子が波動性をもつ結果として，粒子の位置と運動量を同時に決定することは不可能になる．正確には位置 x と運動量 p_x の不確定性を Δx, Δp_x とすると，

$$\Delta x \cdot \Delta p_x \geq \frac{\hbar}{2} \tag{B1}$$

の関係が成立する．この関係は，ハイゼンベルクにより導かれ，**不確定性原理**とよばれている．同様の関係が，エネルギー E と時間 t の間にも成立する．

$$\Delta E \cdot \Delta t \geq \frac{\hbar}{2} \tag{B2}$$

演　習

電子（質量 9.11×10^{-31} kg），陽子（質量 1.67×10^{-27} kg），質量 1 g の剛体についてそれぞれ位置と速度を同時に測定したとする．位置を 1.0×10^{-10} m（原子の大きさ程度）の精度で測定したとすると，それぞれの粒子の速度の測定の不確定さは最低どれくらいになるか？

この演習問題よりわかるように，巨視的物体の場合は不確定性による影響は通常の測定限界以下まで小さくなる．巨視的物体の運動に関して量子力学は，ニュートン力学と同じ結果を与えることが証明できる（**エーレンフェストの定理**）．量子論の効果は原子や分子のような微視的な系で初めて大きな違いとなって現れてくる．

第4章 原子の軌道と電子配置

原子は原子核とそれを取り巻く電子からなっている．2章で学んだボーアの原子模型では，電子は原子核のまわりを等速円運動していると考えた．一方，ド・ブロイが明らかにしたように，電子が波の性質をもっているのならば，原子核のまわりを波がうねっている様子を思い浮かべることもできる．電子はどこにいるのだろうか？　また，どのように運動しているのだろうか？　これらの疑問に答えるためには，量子力学の基礎方程式，すなわち，3章で学んだシュレーディンガー方程式を解かなければならない．

この章では，まず水素原子についてのシュレーディンガー方程式を解くと何がわかるのかを解説し，その結果を基礎として，2個以上の電子をもつ原子，すなわち多電子原子について説明する．さらに，原子番号とともに周期的に変化する原子の性質が生じる仕組みについて学ぶ．

4.1 水素原子のシュレーディンガー方程式とその解

この章の第一の目的は，原子核のまわりを運動する電子の振る舞いを明らかにすることである．そのために，まず，陽子1個と電子1個からなる水素原子を取り上げる．

陽子の質量を M，電子の質量を m，陽子および電子の電荷をそれぞれ $+e$ および $-e$ とする．厳密には陽子と電子の重心のまわりを2つの粒子が運動していると考えるのであるが，M と m の比は約1840と非常に大きいので，原子核（陽子）は動かないでいると仮定しよう．2.4節で見たように，正に帯電した陽子と負に帯電した電子が距離 r だけ離れているとき，両者の間にはクーロン力

$$F = \frac{-e^2}{4\pi\varepsilon_0 r^2} \tag{4.1}$$

が働く．ここで ε_0 は真空の誘電率である．図4.1に示すように原子核の位置を原点にとった直交座標系を使い，電子の座標を (x, y, z) とすると，$r^2 = x^2 + y^2 + z^2$ である．式(4.1)のクーロン力による位置エネルギー（ポテンシャルエネルギー）は，

$$V = \frac{-e^2}{4\pi\varepsilon_0 r} \tag{4.2}$$

となる．ただし，原子核と電子が無限に離れたときの位置エネルギーを基準にとり，$r = \infty$ のとき $V = 0$ としている．ここまではボーア模型と同じである．この水素原子に3章で学んだシュレーディンガー方程式を適用しよう．式(3.16)あるいは式(3.12)中の位置エネルギー V に式(4.2)を代入

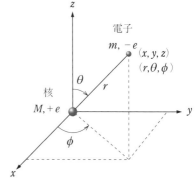

図4.1 水素原子の座標

すると，

$$\left\{-\frac{\hbar^2}{2m}\left(\frac{\partial^2}{\partial x^2}+\frac{\partial^2}{\partial y^2}+\frac{\partial^2}{\partial z^2}\right)-\frac{e^2}{4\pi\varepsilon_0 r}\right\}\varPsi = E\varPsi \tag{4.3}$$

となる．式 (4.2) の位置エネルギーの大きさは r のみで決まり，原子核からみた方向には依存しない．つまり，位置エネルギーは原点を中心とした対称的な球の形をしている．このような場合直交座標系 (x, y, z) を使うのは得策ではなく，極座標系 (r, θ, ϕ) に変換するのがよい．図 4.1 からわかるように (x, y, z) と (r, θ, ϕ) の間には，次の関係がある．

$$\begin{aligned} x &= r\sin\theta\cos\phi \\ y &= r\sin\theta\sin\phi \\ z &= r\cos\theta \end{aligned} \tag{4.4}$$

3 章で学んだように，シュレーディンガー方程式の解 $\varPsi$ を波動関数という．原子核は静止していると仮定したので，$\varPsi$ は電子の振る舞いを表していることになる．固有値 E は電子の運動エネルギーと位置エネルギーを合わせた全エネルギーの値になる．また，$|\varPsi|^2$ を計算すると，その位置に電子を見いだす確率密度が得られる．

　さて，極座標系に変換した水素原子のシュレーディンガー方程式 (4.3) は解析的に解ける．しかし，そのためには級数を使って微分方程式を解くといった数学のテクニックが必要であり，見かけはかなり煩雑である．ここでは結果だけを紹介して，その意味を考えていくことにする．式 (4.3) を解くことにより，固有値，すなわち電子の全エネルギーの値として

$$E_n = -\left(\frac{me^4}{8\varepsilon_0{}^2 h^2}\right)\frac{1}{n^2} \tag{4.5 a}$$

$$n = 1, 2, 3, \cdots, \infty \tag{4.5 b}$$

が得られる．式 (4.5 b) 中の n は**主量子数** (principal quantum number) とよばれる．n が自然数に限られているため，E_n の値も離散的（とびとび）となる．この離散的なエネルギーのことを**エネルギー準位** (energy level) という．なお，式 (4.5) は，2.4 節でボーア模型に基づいて求めたエネルギーの式 (2.13) と完全に一致している．ボーア模型は古典力学による計算のうえに根拠が不明の量子条件をつぎはぎしたものであったが，エネルギーに関しては正しい結果を与えたことになる．

　次に波動関数をみてみよう．極座標系での $\varPsi$ は変数 r, θ, ϕ の関数であるが，これを式 (4.6) のように 3 つの関数 $R(r), \Theta(\theta), \Phi(\phi)$ の積で表すことができる．

$$\varPsi(r, \theta, \phi) = R(r)\,\Theta(\theta)\,\Phi(\phi) \tag{4.6}$$

ここで，$R(r)$ は r のみを変数にもつ関数で $\varPsi$ の動径部分とよばれ，$\varPsi$ の空間的な広がりを表している．一方，$\Theta(\theta)$ は θ のみ，$\Phi(\phi)$ は ϕ のみを変数にもつ関数であり，これらは $\varPsi$ の角度部分とよばれる．ちなみに，$\Theta(\theta)$ と $\Phi(\phi)$ の積は，球面調和関数とよばれる特殊関数に等しくなる．式 (4.6) で表される原子中の電子の波動関数を**原子軌道** (atomic orbital, AO) という．ただし，軌道といってもボーア模型で見たような軌跡を追える円軌道ではない．原子軌道がどのようなものなのかは 4.2 節で説明しよう．

　その前に，水素原子の原子軌道 $\varPsi$ は無数に存在するので，それらを区別し分類しなければなら

ない．そのために，主量子数を含めた 3 つの量子数 n, l, m_l が使われる．l は**方位量子数**（azimuthal quantum number），m_l は**磁気量子数**（magnetic quantum number）とよばれる．m_l の名称は，磁場があるときに m_l の値によってエネルギーの値が変化する現象に由来する．量子数 n と l の値を指定すれば関数 $R(r)$ の形が決まり，l と m_l の値を指定すれば $\Theta(\theta)$ の形，m_l の値を指定すれば $\Phi(\phi)$ の形が決まる．Ψ が物理的に意味のある関数となるための条件（境界条件）から，l，m_l がとりうる値は次のように制限される．

$$l = 0, 1, 2, \cdots, n-1 \tag{4.7a}$$

$$m_l = -l, \cdots, -1, 0, 1, \cdots, l \tag{4.7b}$$

注意すべきことは，$n > l$, $l \geq |m_l|$ という関係になっていることである．3 つの量子数 n, l, m_l の値の組み合わせによって，Ψ はいろいろな形の関数となる．n が 1 から 3 までの場合について，式 (4.7) を満たす量子数の組み合わせを表 4.1 にまとめた．たとえば，n が 1 のとき l は 0，m_l は 0 のみなので，エネルギー準位は 1 個だけである．n が 2 のとき l は 0 か 1 である．l が 0 であれば m_l は 0 のみ，l が 1 であれば m_l は -1 か 0 か 1 をとれるので，エネルギー準位は合計 4 個となる．この $l = 1$ の場合のように同じエネルギーをもつ軌道が複数あるとき，エネルギー準位が縮重（あるいは縮退）しているという．同じ n の値をもつ原子軌道の集まりを**電子殻**（electron shell）とよび，$n = 1, 2, 3, 4, \cdots$ の電子殻を，それぞれ K, L, M, N, $\cdots$ 殻とよぶ．また，$l = 0, 1, 2, 3, \cdots$ の原子軌道を s, p, d, f, $\cdots$ 軌道とよぶ．これらの文字の由来は歴史的なものであり，原子スペクトルの性質に関連した sharp, principal, diffuse, fundamental の頭文字である．表 4.1 に示したように，原子軌道には，n の値の数字と l の値を表す文字の組み合わせにより 1s, 2s, 2p などの名称がついている．

表 4.1　量子数の値と原子軌道の名称

n	1	2	2	2	2	3	3	3	3	3	3	3	3	3
l	0	0	1	1	1	0	1	1	1	2	2	2	2	2
m_l	0	0	-1	0	1	0	-1	0	1	-2	-1	0	1	2
名称	1s	2s	$2p_{-1}$	$2p_0$	$2p_{+1}$	3s	$3p_{-1}$	$3p_0$	$3p_{+1}$	$3d_{-2}$	$3d_{-1}$	$3d_0$	$3d_{+1}$	$3d_{+2}$

　縦軸にエネルギーをとり，該当するエネルギー値の位置に横棒を引いて原子軌道を示したものをエネルギー準位図という．図 4.2 に水素原子のエネルギー準位図を示す．このように，水素原子には多くの原子軌道が存在するが，ある瞬間をとらえれば，電子はどれか 1 つの原子軌道，すなわち波動関数で表される状態にある．このことを，その原子軌道を電子が占有している，あるいはその原子軌道に電子が「入っている」という．1 本の矢印で表した電子を，エネルギー準位図の横棒の上に書き込

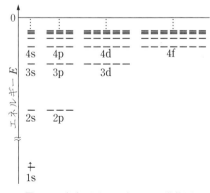

図 4.2　水素原子のエネルギー準位図

むことにより，その原子軌道に電子が入っていることを示す．図 4.2 では，矢印は 1s 軌道に書かれている．このとき水素原子は最も安定であり，その状態を**基底状態**（ground state）という．1s 以外の軌道に電子が入っている状態は基底状態よりもエネルギーが高く，**励起状態**（excited state）とよばれる．

4.2 水素原子の軌道

この節では，水素原子の 1s 軌道を例として，原子軌道がどのようなものか説明する．さらに，その他の s 軌道，p および d 軌道について，具体的な関数形，空間的な形状，およびその特徴をみていこう．

4.2.1 1s 軌道

1s 軌道の波動関数の具体的な形は，

$$\Psi_{1s} = \frac{1}{\sqrt{\pi}} \left(\frac{1}{a_B} \right)^{\frac{3}{2}} \exp\left(-\frac{r}{a_B} \right) \tag{4.8}$$

である．ここで，

$$a_B = \frac{\varepsilon_0 h^2}{\pi e^2 m} \tag{4.9}$$

は式（2.11）のボーア半径であり，その値は約 0.05292 nm である．Ψ_{1s} は r だけの関数であり θ と ϕ を含まない．このような関数を球対称であるという．Ψ_{1s} および $|\Psi_{1s}|^2$ を r に対してプロットしたものを図 4.3（a）に示す．Ψ_{1s} は原子核の位置（$r = 0$）で最大値をとり，r の増加とともに単調に減少し，$r \to \infty$ のとき $\Psi_{1s} \to 0$ となる．ここで，Ψ_{1s} の値に対する物理的な意味を考えることにはほとんど意味がない．それは，波動関数を直接観測することができないからである．一方，$|\Psi_{1s}|^2$ の値には意味があり，その座標における単位体積中に電子を見いだす確率になる．$|\Psi_{1s}|^2$ の値は原子核のところで最大になっている．しかしこれは，原子核付近で電子が最もよく見いだされるということではない．なぜならば，$r = 0$ というのは幾何学的な 1 点でしかないが，r が 0 でないある値をもつ点は複数存在するからである．r が増加すると点の数は半径 r の球の表面積，すなわち $4\pi r^2$ に比例して増加する．したがって，r が一定の場所（すなわち半径一定の球面上）に電子を見いだす確率を考えるのがよい．半径 r と $r+dr$ の 2 つの球面にはさまれた体積 $4\pi r^2 dr$ の空間に電子を見いだす確率

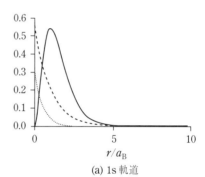

(a) 1s 軌道

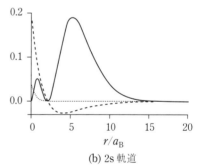

(b) 2s 軌道

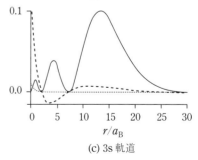

(c) 3s 軌道

図 4.3 水素原子の 1s，2s，3s 軌道の Ψ（破線），$|\Psi|^2$（点線）および動径分布関数 $D(r)$（実線）

を $D(r)\mathrm{d}r$ とおくと，

$$D(r) = 4\,\pi r^2 |\varPsi|^2 \tag{4.10}$$

であり，$D(r)$ は **動径分布関数**（radial distribution function）とよばれる．$D(r)$ のプロットも図 4.3 に示してある．

　$|\varPsi_{1\mathrm{s}}|^2$ は r の増加とともに減少するが，球の表面積が r とともに増加するので，$D_{1\mathrm{s}}(r)$ は極大を示す．r で微分すれば明らかなように，$D_{1\mathrm{s}}(r)$ は $r = a_\mathrm{B}$ で最大となる．すなわち，電子が最もよく見いだされるのは，ボーア半径のところになる．

　ボーア模型では，電子は核のまわりを半径一定の円軌道を描いて運動していた．つまり，$n = 1$ の状態に関しては，電子が存在するのは $r = a_\mathrm{B}$ の円周上のみであった．ところが，量子力学では，$|\varPsi_{1\mathrm{s}}|^2$ あるいは $D_{1\mathrm{s}}(r)$ は，ボーア半径以外にも $r = 0 \sim \infty$ のいたるところで 0 でない値を示す．すなわち，電子は原子核のまわりの任意の点で見出されることになる．そこで，基底状態の水素原子について，原子核を含む平面上で電子を観測し，電子を見いだした位置にドットをうつ操作を何回も繰り返す実験を考える．もちろんそのような実験を実際に行うことは不可能であるが，行ったとすれば

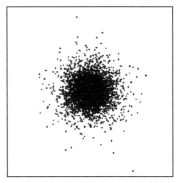

図4.4　水素原子の 1s 軌道の電子密度（正方形の中心が原子核の位置）

得られるはずの結果を図 4.4 に示す．電子は原子核から一定の距離のところを運動しているのではないことがよくわかる．ある座標に電子を見いだす確率のことを，その座標における **電子密度**（electron density）という．図 4.4 において，ドットの密度はその領域における電子密度を表示している．また，図 4.4 のような確率分布を表す図を電子雲とよぶことがある．電子密度や電子雲という言葉に惑わされて，1 個の電子が雲のように空間に広がっていると考えてはならない．空間に広がっているのは，1 個の粒子そのものではなく，あくまでも確率なのである．

　原子と原子の間に形成される化学結合の性質や，できあがった分子の構造を考える際に，原子軌道の形を図示すると便利なことが多い．しかし，図 4.4 のようなドットの図を描くのは大変手間がかかる．そこで，いくつかの簡便な表示方法が用いられる．波動関数あるいは電子密度の値が等し

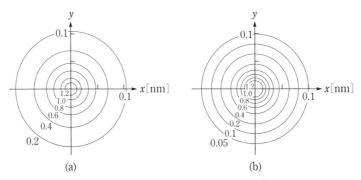

図4.5　水素原子の 1s 軌道の (a) $\varPsi$ および (b) $|\varPsi|^2$ の等高線表示

い点を結んで曲面（等値曲面）を作り，その曲面の形を等高線表示するのが1つの方法である．1s軌道についての等高線表示を図4.5に示す．これは非常によい方法であるが，多くの等高線を描くのはやはり手間がかかる．そこで，等値曲面を1枚だけ描き，波動関数あるいは電子密度の値ではなく，単に軌道の形を示す境界線（面）表示がある．1s軌道を境界面表示すると，1つの球面になる．しかし，境界面表示された軌道を見て，その曲面上のみ，あるいは，その曲面の内部のみを電子が運動していると誤解してはならない．

4.2.2　2s および 3s 軌道

2s軌道の波動関数は，

$$\Psi_{2s} = \frac{1}{4\sqrt{2\pi}}\left(\frac{1}{a_B}\right)^{\frac{3}{2}}\left(2-\frac{r}{a_B}\right)\exp\left(-\frac{r}{2a_B}\right) \tag{4.11}$$

である．この関数も球対称であるが，図4.3（b）に示すように $r = 2a_B$ のとき $\Psi_{2s} = 0$ となる．このとき，$|\Psi_{2s}|^2$ の値も0であり，半径 $r = 2a_B$ の球面上の電子密度は0である．そのような面を節面とよぶ．Ψ_{2s} の符号は節面のところで正から負へ変わり，$r \to \infty$ のとき負の側から $\Psi_{2s} \to 0$ となっている．しかし，$|\Psi_{2s}|^2$ により与えられる電子密度は，波動関数の符号には影響されないことに注意しよう．動径分布関数 $D_{2s}(r)$ は2か所に極大を示し，$r = (3+\sqrt{5})a_B \approx 5.24\,a_B$ で最大となっている．

3s軌道の波動関数は，

$$\Psi_{3s} = \frac{1}{81\sqrt{3\pi}}\left(\frac{1}{a_B}\right)^{\frac{3}{2}}\left(27-18\frac{r}{a_B}+2\frac{r^2}{a_B^2}\right)\exp\left(-\frac{r}{3a_B}\right) \tag{4.12}$$

であり，やはり球対称である．図4.3（c）をみると，Ψ_{3s} は正から負へ，そして負から正へと2回符号を変えている．つまり節面が2つ存在する．

ここで，1s〜3s軌道の動径分布関数を比較してみよう．n の値の増加にともない，原子核から離れた位置に電子を見いだす確率が大きくなっていく様子が図4.3から読み取れる．また，ns電子と原子核の平均距離 $\langle r \rangle$ を計算すると，

$$\langle r \rangle = \left(\frac{3}{2}a_B\right)n^2 \tag{4.13}$$

となる．すなわち，n が大きくなるにつれて，$\langle r \rangle$ は n^2 に比例して増大する．つまり，ns軌道のサイズは，n の増加とともに増大するといえる．主量子数は，電子のエネルギーを決める量子数であると同時に，軌道のサイズを決める量子数でもあるといえる．

4.2.3　p 軌道

p軌道は方位量子数が $l = 1$ の軌道である．$l = 0$ のs軌道とは異なり，p軌道は θ や ϕ を含む関数であり，球対称ではなく方向性をもっている．m_l の値が1, 0, −1の場合に対応した3つの波動関数が存在する．まず，$m_l = 0$ の2p$_0$関数の具体的な形は，

$$\Psi_{2\mathrm{p}_0} = \frac{1}{4\sqrt{2\pi a_\mathrm{B}{}^3}}\,\frac{r}{a_\mathrm{B}}\cos\theta\exp\left(-\frac{r}{2\,a_\mathrm{B}}\right) \tag{4.14}$$

で与えられる．この関数は z 軸からの傾きを表す角度 θ に依存し，z 軸方向でその絶対値が最大となる．その結果，z 軸を中心とした領域に電子密度が集中することになるため，$2\mathrm{p}_0$ 関数は $2\mathrm{p}_z$ 軌道とよばれる．式 (4.14) の $\Psi_{2\mathrm{p}_z}$ は ϕ を含まないので，z 軸を中心として回転させても形が変わらない．このような関数を円筒対称であるという．図 4.6 は xz 平面に沿った $\Psi_{2\mathrm{p}_z}$ および $|\Psi_{2\mathrm{p}_z}|^2$ の等高線表示である．$\theta = \pi/2$ のとき $\Psi_{2\mathrm{p}_z} = 0$ となるので，xy 平面は節面となる．この節面を境にして，$z > 0$ の領域では $\Psi_{2\mathrm{p}_z}$ の値が正に，$z < 0$ の領域では $\Psi_{2\mathrm{p}_z}$ の値が負になる．

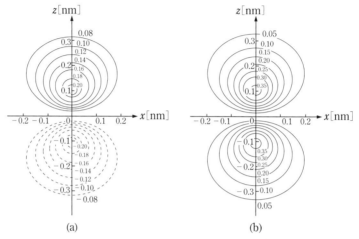

図 4.6 水素原子の $2\mathrm{p}_z$ 軌道の (a) Ψ および (b) $|\Psi|^2$ の等高線表示

　波動関数の符号の正負は，原子が単独で存在する場合には特別な意味をもたない．しかし，5 章で学ぶように，原子が結合して分子を形成する際には非常に重要になる．普通の波が干渉する様子を思い出してみよう．2 つの波がどのように干渉するのかは，波の振幅の符号（位相）によって決まる．つまり，同じ位相の波は強め合い，逆の位相の波は弱め合う．化学結合においても同様であり，2 つの軌道が重なり合うときに，波動関数の符号が重要な意味をもってくるのである．

　$2\mathrm{p}_0$ 関数がそのまま $2\mathrm{p}_z$ 軌道となるのに対して，$2\mathrm{p}_{+1}$ 関数と $2\mathrm{p}_{-1}$ 関数には虚数 i が含まれており，そのまま取り扱うのは不便である．そこで，次のような 1 次結合を作ると，

$$\Psi_{2\mathrm{p}_x} = \frac{1}{\sqrt{2}}\left(\Psi_{2\mathrm{p}_{+1}} + \Psi_{2\mathrm{p}_{-1}}\right) \tag{4.15 a}$$

$$\Psi_{2\mathrm{p}_y} = \frac{1}{\sqrt{2}\,i}\left(\Psi_{2\mathrm{p}_{+1}} - \Psi_{2\mathrm{p}_{-1}}\right) \tag{4.15 b}$$

その結果には，もはや虚数 i は含まれていない．縮重した（すなわち同じ固有値 E をもつ）複数の波動関数の 1 次結合によってできる新しい関数が，もとの関数と同様にシュレーディンガー方程式の解となることが保証されているので，このような変換をしてもよいのである．式 (4.15) の 2 つの新しい軌道は，$2\mathrm{p}_z$ 軌道と同じ形状で，方向が z 軸ではなくそれぞれ x 軸と y 軸を向いた 2 つの軌道となる．これらを $2\mathrm{p}_x$ 軌道および $2\mathrm{p}_y$ 軌道とよぶ．

図 4.7 に 3 つの 2p 軌道の境界面表示を示す．2p$_z$ 軌道の形状は，2 つの楕円体を z 軸が串刺しし
ているように見える．この 1 つ 1 つの楕円体をローブ（lobe）とよぶ．2 つのローブで波動関数の
符号が異なり，正の領域が実線，負の領域が点線で描かれている．ローブに陰影をつけて波動関数
の符号を区別したり，"＋" または "－" を記して示すこともある．この最も簡単な境界面表示の
方法は，化学の世界で広く用いられている．

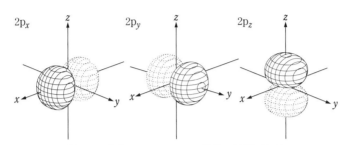

図 4.7　水素原子の 3 つの 2p 軌道の境界面表示

4.2.4　d 軌道

　d 軌道は方位量子数が $l = 2$ の軌道である．m_l の値が 2, 1, 0，-1，-2 の場合に対応した 5 つ
の d 関数が存在する．$m_l = 0$ 以外の 4 つの d 関数は虚数 i を含んでいるので，x, y, z 軸に関係し
た波動関数に変換するために p 軌道の場合と同じように 1 次結合をとる．その結果得られる 4 つ
の関数 d$_{xy}$, d$_{yz}$, d$_{xz}$, d$_{x^2-y^2}$ は，形が同じで空間配向だけが違う．図 4.8 に 5 つの 3d 軌道の境界面
表示を示す．d$_{xy}$, d$_{yz}$, d$_{xz}$ では 4 つのローブが座標軸の間に配向しているが，d$_{x^2-y^2}$ だけは 4 つの
ローブが座標軸に沿って配向している．一方，$m_l = 0$ に対応した d$_{z^2}$ 軌道はこれらと形が異なる．
電子密度は，z 軸方向を向いている 2 つの大きなローブと，xy 面の近傍で z 軸を中心としたドー
ナツ状の領域に局在している．数学的には，d$_{z^2}$ 軌道は d$_{z^2-y^2}$ と d$_{z^2-x^2}$ の 1 次結合に対応してお

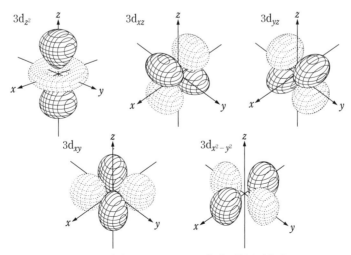

図 4.8　水素原子の 5 つの 3d 軌道の境界面表示

り，$d_{2z^2-x^2-y^2}$ を単に d_{z^2} とよぶ．

4.3 水素様原子の軌道

水素原子のように電子が1個のみの原子を1電子原子とよぶ．中性の1電子原子は水素原子しかないが，イオンまで含めると，He^+，Li^{2+}，Be^{3+}，… なども1電子原子である．これらをまとめて**水素様原子**（hydrogen-like atom）とよぶ．原子核が $+Ze$ の電荷をもった水素様原子についてのシュレーディンガー方程式は，水素原子の方程式（4.3）における陽子の電荷 $+e$ を $+Ze$ に置き換えることにより得られる．原子核の電荷の増加が電子に及ぼす効果は容易に想像することができる．両者の間のクーロン引力が強くなるので，電子はより原子核に引き寄せられる．それを確認するために，水素様原子の1s波動関数を見てみよう．

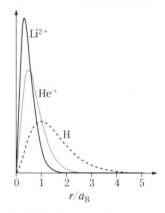

図 4.9　水素様原子の 1s 軌道の動径分布関数

$$\Psi_{1s} = \frac{1}{\sqrt{\pi}} \left(\frac{Z}{a_B} \right)^{\frac{3}{2}} \exp\left(-\frac{Zr}{a_B} \right) \qquad (4.16)$$

この式で $Z=1$ とおくと式（4.8）の水素原子の1s波動関数となる．H，$He^+(Z=2)$ および $Li^{2+}(Z=3)$ について，式（4.16）を用いて計算した動径分布関数を図4.9に示す．原子核の電荷が増加するにつれて1s軌道が収縮していくことがよくわかる．一方，水素様原子のエネルギーは

$$E_n = -\left(\frac{mZ^2 e^4}{8\varepsilon_0^2 h^2} \right) \frac{1}{n^2} \qquad (4.17)$$

で与えられる．E_n の値は $-Z^2$ に比例するので，Z が2，3と増えるにしたがって負の方向に4倍，9倍と下がることになる．図4.10はH，He^+ および Li^{2+} のエネルギー準位図である．原子核からの引力を強く受ける電子ほど，そのエネルギー準位が低くなっていることがよくわかる．

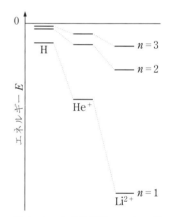

図 4.10　水素様原子のエネルギー準位図

4.4 多電子原子

ここまでは1電子原子についてみてきた．では，電子の数が増えるとどうなるのだろうか？　水素様原子以外の原子は2個以上の電子をもつので多電子原子とよばれる．多電子原子中の電子の運動を明らかにすることは，水素様原子のように簡単ではない．なぜならば，シュレーディンガー方程式を作るのは容易であるが，それを解くのが難しいからである．電子が2個しかないヘリウム原子の場合ですら，シュレーディンガー方程式を解析的に解くことはできない．その1番の理由は，ハミルトニアンに電子間の反発を表す項が含まれて方程式が複雑になることである．では，多電子原子の波動関数およびエネルギー準位はどのようになるのであろうか？

4.4.1　多電子原子の軌道とエネルギー準位

　水素様原子の波動関数は，1電子原子についてのみ有効である．しかし，幸いなことに，それに類似した波動関数を多電子原子についても適用することができる．すなわち，多電子原子中の個々の電子の運動は，1s, 2s, $2p_x$, $2p_y$, $2p_z$ などの原子軌道に従う．ただし，各電子のエネルギー準位は，水素原子では主量子数 n だけで決まるのに対して，多電子原子では，n が同じでも方位量子数 l の値が大きいほど，すなわち，$ns < np < nd < \cdots$ の順にエネルギー準位が高くなる．そうなる理由は 4.4.4 節で説明することにして，図 4.11 に多電子原子のエネルギー準位図を示す．図 4.2 の水素原子の場合との違いに注意してほしい．

　次に問題となるのは，1つの軌道に何個の電子が入るかということである．自然界は安定な状態を好むので，電子はエネルギー準位が最も低い 1s 軌道に入りたがる．それでは，多電子原子のすべての電子が 1s 軌道に入ることは可能であろうか？　水素原子とヘリウム原子の場合には可能であるが，原子番号が 3 以降の原子ではそれが許されないことがわかっている．このことには電子の**スピン**（spin）とよばれる特別な角運動量が関係している．

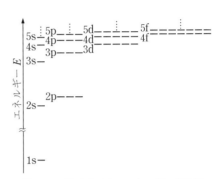

図 4.11　多電子原子のエネルギー準位図

4.4.2　電子のスピンとパウリの原理

　4.1 節で，原子軌道は 3 つの量子数 n, l, m_l によって表されると述べた．これらの 3 つの量子数はシュレーディンガー方程式を解く過程で自然に現れるものである．ところが，電子の状態を記述するにはこの 3 つの量子数だけでは不十分であり，さらに 4 番目の量子数を導入する必要があることがわかった．この 4 番目の量子数を**スピン量子数**（spin quantum number）とよび，通常 s で表す．

　スピン量子数がもつ意味を，簡単なモデルに基づいて考えてみよう．原子核と電子を太陽と地球に例えることにする．地球は太陽のまわりを公転している．それと同様に，電子も原子核のまわりを"公転運動"しているとみなしたとき，その運動により軌道角運動量が生じる．方位量子数 l は，この軌道角運動量の大きさに関係した量子数でもある．一方，地球は地軸を中心として自転している．それと同様に，電子も"自転運動"しているとみなしたとき，その運動により生じる角運動量が電子のスピンなのである．軌道角運動量の場合の l とは異なり，スピン量子数 s は 1/2 という値しかとらない．

　式（4.7 b）によると，磁気量子数 m_l のとりうる値は $-l$ から l まで 1 きざみである．m_l は磁場中における軌道角運動量ベクトルの空間配向を表す量子数である．一方，s もスピンという一種の角運動量に関する量子数であるから，その空間配向を表す**スピン磁気量子数**（spin magnetic quantum number）m_s が存在する．m_s のとりうる値も $-s$ から s まで 1 きざみなので，$-1/2$ と $1/2$ の 2 つに限られることになる．$m_s = 1/2$ と $m_s = -1/2$ とでは，スピン角運動量ベクトルの向きが逆

になっている．これを表示するときは上向き矢印↑と下向き矢印↓を用い，それぞれαスピン，βスピンとよぶ．スピン磁気量子数を含めた4つの量子数n, l, m_l, m_sによって，電子の状態を完全に記述することができる．

　1つの原子軌道に電子が何個まで収容されるのかは，原子のスペクトルや化学的性質と関係する重要な問題である．この問題の答えはパウリによって与えられ，**パウリの排他原理**（Pauli's exclusion principle）とよばれている．それによると，どの原子軌道も電子を2個まで収容できる．つまり，電子0個や電子1個は許されるが，電子3個は許されない．パウリの排他原理にはいろいろな表現の仕方があり，「各軌道には，αスピンおよびβスピンの電子を，それぞれ1個収容可能であるが，同じスピンの電子を2個以上収容することはできない．」あるいは，「4つの量子数n, l, m_l, m_sで決まる1つの状態にはただ1個の電子しか存在できない．」ということもできる．その具体的な内容は次節で説明しよう．

4.4.3　電子配置の構成原理

　多電子原子の状態は，各軌道に何個の電子がどのように収容されているかによって決まる．これを原子の**電子配置**（electron configuration）という．原子スペクトルを観測する分光実験と量子力学に基づく理論的研究によって，基底状態の多電子原子がどのような電子配置をとるのかが明らかにされた．その電子配置に関する規則を**構成原理**あるいは**組立原理**（building-up principle）という．すなわち，

（1）エネルギーの低い軌道から順に電子が入る．

（2）パウリの排他原理に従う．

（3）縮重した軌道には，できるだけ異なる軌道に，できるだけスピンの向きをそろえて入る．

という規則である．軌道エネルギーの高低の順序は次のようになる．

$$1s < 2s < 2p < 3s < 3p < (4s, 3d) < 4p < (5s, 4d)$$
$$<5p < (6s, 4f, 5d) < 6p < (7s, 5f, 6d) \tag{4.18}$$

より左の軌道ほどエネルギーが低く安定である．ここで，同じ（　）内の軌道は，左から順に占有されることが多いが，順序が逆転することもある．注意すべきは，nの値が大きくなると，軌道エネルギーの高低が必ずしもnの順序になっていないことである．水素からナトリウムまでの原子について，基底状態の電子配置を表4.2にまとめた．それでは，水素原子から順番に，電子配置を組み立てながら（1）〜（3）の具体的な内容を見てみよう．

　基底状態の水素原子では，1s軌道に電子が1個入っている．これを$(1s)^1$と表示する．矢印を使って表すと，表4.2の右端の欄のようになる．上向き矢印のαスピンと下向き矢印のβスピンのどちらでもよいが，ここではαスピンの電子を示した．2電子原子であるヘリウムではどうなるか？　1s軌道はエネルギーが最も低い軌道なので，第2の電子も1s軌道に入って電子対を形成する．すなわち，$(1s)^2$である．このとき，第2の電子のn, l, m_lの値は第1の電子と同じなので，パウリの排他原理を満たすためには，一方の電子が$m_s = 1/2$で，他方の電子が$m_s = -1/2$でなければならない．つまり，スピンは互いに反対方向を向いている．

表 4.2　水素からナトリウムまでの原子の基底状態の電子配置

元素	電子配置	電子配置(スピンの向きを含む)					
		1s	2s	$2p_x$	$2p_y$	$2p_z$	3s
H	$(1s)^1$	↑	—	—	—	—	—
He	$(1s)^2$	↑↓	—	—	—	—	—
Li	$(1s)^2(2s)^1$	↑↓	↑	—	—	—	—
Be	$(1s)^2(2s)^2$	↑↓	↑↓	—	—	—	—
B	$(1s)^2(2s)^2(2p)^1$	↑↓	↑↓	↑	—	—	—
C	$(1s)^2(2s)^2(2p)^2$	↑↓	↑↓	↑	↑	—	—
N	$(1s)^2(2s)^2(2p)^3$	↑↓	↑↓	↑	↑	↑	—
O	$(1s)^2(2s)^2(2p)^4$	↑↓	↑↓	↑↓	↑	↑	—
F	$(1s)^2(2s)^2(2p)^5$	↑↓	↑↓	↑↓	↑↓	↑	—
Ne	$(1s)^2(2s)^2(2p)^6$	↑↓	↑↓	↑↓	↑↓	↑↓	—
Na	$(1s)^2(2s)^2(2p)^6(3s)^1$	↑↓	↑↓	↑↓	↑↓	↑↓	↑

(注意) 原子軌道のエネルギーの高低は無視して表示している.

　次に，3 電子原子であるリチウムを考えてみよう．1s 軌道は 2 個の電子で満席になっているから，第 3 の電子は 1s 軌道には入れない．先に述べたように，多電子原子の 2s 軌道と 2p 軌道では，2s 軌道の方がエネルギーが低いので，第 3 の電子は 2s 軌道に入ることになる．つまり，リチウム原子の電子配置は $(1s)^2(2s)^1$ である．では，なぜ 2s 軌道と 2p 軌道のエネルギーに差が生じるのであろうか？

4.4.4　しゃへい効果

　図 4.12 に，リチウム原子の 1s, 2s および 2p 軌道の動径分布関数を示す．これをみると，1s 軌道の電子は 2s や 2p 軌道の電子に比べて原子核に近いところに見いだされる確率が高いことがわかる．外側に存在する第 3 の電子は，原子核がもつ $+3e$ の電荷による引力を受けると同時に，内側の 2 個の 1s 電子の負電荷と反発する．このことを，1s 軌道に入っている内殻電子が，第 3 の電子に対して原子核の $+3e$ の電荷をしゃへいするという．一般的に，原子番号が Z である原子の原子核は $+Ze$ の電荷をもっているが，そのまわりに電子が存在すると，それより外側にいる電子に対しては $+Ze$ として働かなくなる．これを，内側の電子による**しゃへい効果**（screening effect）という．原子核の実際の電荷 Z としゃへい効果との差を**有効核電荷**（effective nuclear charge）とよび，Z_{eff} で表す．

　ところで，第 3 の電子が 2s 軌道に入った場合と 2p 軌道に入った場合とでは，1s 電子によるしゃへい効果の大きさが異なる．2s 軌道の動径分布関数は原子核に近い 1s 電子の領域にも極大を示し，$r < a_B$ においてもある程度の値をもっている．すなわち，2s 電子は 1s 電子の領域まで入り込むことができる．そのような

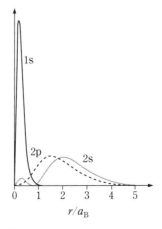

図 4.12　リチウム原子の 1s, 2s, 2p 軌道の動径分布関数

場合 1s 電子によるしゃへい効果は小さくなる．一方，2p 軌道の動径分布関数は $r = 0$ に向かって単調に減少しているので，1s 電子の領域に入り込む確率は低い．つまり，1s 電子によるしゃへい効果は比較的大きい．以上のことから考えて，2s 電子が感じる有効核電荷は，2p 電子が感じる有効核電荷よりも大きくなる．軌道エネルギーの高低は有効核電荷の大小に依存するため，2s 軌道の方が 2p 軌道よりもエネルギーが低くなる．その結果，リチウム原子の基底状態の電子配置は $(1s)^2(2p)^1$ ではなく $(1s)^2(2s)^1$ となる．

　4 番目の元素はベリリウムである．リチウム原子の 2s 軌道にはあと 1 個の電子を収容する余裕があるので，ベリリウム原子の電子配置は $(1s)^2(2s)^2$ となる．次の元素はホウ素である．2s 軌道も満席になってしまったので，第 5 の電子は 2p 軌道に入ることになる．すなわち，ホウ素原子の電子配置は $(1s)^2(2s)^2(2p)^1$ である．$2p_x$, $2p_y$, $2p_z$ の 3 つの p 軌道が存在するが，これらは縮重していてエネルギーが等しいので，第 5 の電子はどの 2p 軌道に入ってもかまわない．

4.4.5　フントの規則

　6 番目の元素である炭素の電子配置は $(1s)^2(2s)^2(2p)^2$ となる．2 個の電子は 3 つの 2p 軌道にどのように配置されるのであろうか？　この問いに答えてくれるのが**フントの規則**（Hund's rule）である．図 4.13 は，縮重した 3 つの軌道に 2 個の電子が入る場合について，パウリの排他原理に従う 3 通りの電子配置を示している．フントの規則によると，縮重した軌道に 2 個以上の電子が入るとき，それらはできるだけ異なる軌道に，できるだけスピンの向きをそろえて入る．図 4.13 では電子配置 a がこれにあたり，エネルギーが最も低くなる．電子配置 c では，2 個の電子が同じ軌道に入っているので，電子間の反発による不安定化が生じ，エネルギーが最も高くなる．

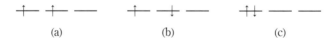

図 4.13　縮重した 3 つの軌道に 2 電子が入る場合に可能な配置

　窒素原子の基底状態は $(1s)^2(2s)^2(2p)^3$ であるが，フントの規則によりその電子配置は表 4.2 のようになる．次の酸素原子では，2p 軌道の 1 つが 2 個の電子を収容する．残りの 2 つの 2p 軌道には，それぞれ 1 個の電子のみが入っているが，そのような電子を**不対電子**（unpaired electron）という．フッ素原子では不対電子が 1 個となり，ネオン原子において 2p 軌道が満席となる．つまり，$(1s)^2(2s)^2(2p)^6$ である．この電子配置を省略して，[Ne] と書くことがある．次のナトリウムの電子配置は $(1s)^2(2s)^2(2p)^6(3s)^1$ であり，省略して書くと $[Ne](3s)^1$ となる．

4.4.6　原子の電子配置と周期表

　100 種類以上存在する元素はおのおの固有の性質をもっているが，それは，原子の電子配置に基づいて理解することができる．表 4.3 に，水素からウランまでの原子の基底状態の電子配置を示す．原子番号が 11 のナトリウムから 18 のアルゴンまでの 3s, 3p 軌道は，リチウムからネオンまでの 2s, 2p 軌道と同様に埋まっていく．原子番号が 19 のカリウムと 20 のカルシウムの電子配置

表4.3 水素からウランまでの原子の基底状態の電子配置

元素	K	L		M			N				O
	1s	2s	2p	3s	3p	3d	4s	4p	4d	4f	5s
1 H	1										
2 He	2										
3 Li	2	1									
4 Be	2	2									
5 B	2	2	1								
6 C	2	2	2								
7 N	2	2	3								
8 O	2	2	4								
9 F	2	2	5								
10 Ne	2	2	6								
11 Na	2	2	6	1							
12 Mg	2	2	6	2							
13 Al	2	2	6	2	1						
14 Si	2	2	6	2	2						
15 P	2	2	6	2	3						
16 S	2	2	6	2	4						
17 Cl	2	2	6	2	5						
18 Ar	2	2	6	2	6						
19 K	2	2	6	2	6		1				
20 Ca	2	2	6	2	6		2				
21 Sc	2	2	6	2	6	1	2				
22 Ti	2	2	6	2	6	2	2				
23 V	2	2	6	2	6	3	2				
24 Cr	2	2	6	2	6	5	1				
25 Mn	2	2	6	2	6	5	2				
26 Fe	2	2	6	2	6	6	2				
27 Co	2	2	6	2	6	7	2				
28 Ni	2	2	6	2	6	8	2				
29 Cu	2	2	6	2	6	10	1				
30 Zn	2	2	6	2	6	10	2				
31 Ga	2	2	6	2	6	10	2	1			
32 Ge	2	2	6	2	6	10	2	2			
33 As	2	2	6	2	6	10	2	3			
34 Se	2	2	6	2	6	10	2	4			
35 Br	2	2	6	2	6	10	2	5			
36 Kr	2	2	6	2	6	10	2	6			
37 Rb	2	2	6	2	6	10	2	6			1
38 Sr	2	2	6	2	6	10	2	6			2
39 Y	2	2	6	2	6	10	2	6	1		2
40 Zr	2	2	6	2	6	10	2	6	2		2
41 Nb	2	2	6	2	6	10	2	6	4		1
42 Mo	2	2	6	2	6	10	2	6	5		1
43 Tc	2	2	6	2	6	10	2	6	6		1
44 Ru	2	2	6	2	6	10	2	6	7		1
45 Rh	2	2	6	2	6	10	2	6	8		1
46 Pb	2	2	6	2	6	10	2	6	10		

表4.3 （続き）

元素	K	L	M	N				O				P			Q
				4s	4p	4d	4f	5s	5p	5d	5f	6s	6p	6d	7s
47 Ag	2	8	18	2	6	10		1							
48 Cd	2	8	18	2	6	10		2							
49 In	2	8	18	2	6	10		2	1						
50 Sn	2	8	18	2	6	10		2	2						
51 Sb	2	8	18	2	6	10		2	3						
52 Te	2	8	18	2	6	10		2	4						
53 I	2	8	18	2	6	10		2	5						
54 Xe	2	8	18	2	6	10		2	6						
55 Cs	2	8	18	2	6	10		2	6			1			
56 Ba	2	8	18	2	6	10		2	6			2			
57 La	2	8	18	2	6	10		2	6	1		2			
58 Ce	2	8	18	2	6	10	1	2	6	1		2			
59 Pr	2	8	18	2	6	10	3	2	6			2			
60 Nd	2	8	18	2	6	10	4	2	6			2			
61 Pm	2	8	18	2	6	10	5	2	6			2			
62 Sm	2	8	18	2	6	10	6	2	6			2			
63 Eu	2	8	18	2	6	10	7	2	6			2			
64 Gd	2	8	18	2	6	10	7	2	6	1		2			
65 Tb	2	8	18	2	6	10	9	2	6			2			
66 Dy	2	8	18	2	6	10	10	2	6			2			
67 Ho	2	8	18	2	6	10	11	2	6			2			
68 Er	2	8	18	2	6	10	12	2	6			2			
69 Tm	2	8	18	2	6	10	13	2	6			2			
70 Yb	2	8	18	2	6	10	14	2	6			2			
71 Lu	2	8	18	2	6	10	14	2	6	1		2			
72 Hf	2	8	18	2	6	10	14	2	6	2		2			
73 Ta	2	8	18	2	6	10	14	2	6	3		2			
74 W	2	8	18	2	6	10	14	2	6	4		2			
75 Re	2	8	18	2	6	10	14	2	6	5		2			
76 Os	2	8	18	2	6	10	14	2	6	6		2			
77 Ir	2	8	18	2	6	10	14	2	6	7		2			
78 Pt	2	8	18	2	6	10	14	2	6	9		1			
79 Au	2	8	18	2	6	10	14	2	6	10		1			
80 Hg	2	8	18	2	6	10	14	2	6	10		2			
81 Tl	2	8	18	2	6	10	14	2	6	10		2	1		
82 Pb	2	8	18	2	6	10	14	2	6	10		2	2		
83 Bi	2	8	18	2	6	10	14	2	6	10		2	3		
84 Po	2	8	18	2	6	10	14	2	6	10		2	4		
85 At	2	8	18	2	6	10	14	2	6	10		2	5		
86 Rn	2	8	18	2	6	10	14	2	6	10		2	6		
87 Fr	2	8	18	2	6	10	14	2	6	10		2	6		1
88 Ra	2	8	18	2	6	10	14	2	6	10		2	6		2
89 Ac	2	8	18	2	6	10	14	2	6	10		2	6	1	2
90 Th	2	8	18	2	6	10	14	2	6	10		2	6	2	2
91 Pa	2	8	18	2	6	10	14	2	6	10	2	2	6	1	2
92 U	2	8	18	2	6	10	14	2	6	10	3	2	6	1	2

には注意が必要である．これらの原子においては，3d 軌道ではなく 4s 軌道が先に埋まっている．19 および 20 番めの電子が 4s 軌道に入った方が，原子の全エネルギーが低くなるからである．その次のスカンジウムからは内側の 3d 軌道が埋まっていき，いわゆる遷移元素の一群が登場する．原子番号が 24 のクロムの電子配置は，構成原理から予想される $[\text{Ar}](4\text{s})^2(3\text{d})^4$ ではなく，$[\text{Ar}](4\text{s})^1(3\text{d})^5$ である．また，原子番号が 29 の銅の電子配置は，構成原理から予想される $[\text{Ar}](4\text{s})^2(3\text{d})^9$ ではなく，$[\text{Ar}](4\text{s})^1(3\text{d})^{10}$ である．$(3\text{d})^5$ および $(3\text{d})^{10}$ の電子配置のように，d 軌道がそれぞれ半充填および完全充填された電子配置をとる方が，原子の全エネルギーが低くなるからである．

　元素を原子番号の順に並べていくと，周期的に性質の類似した元素が出現する．このように元素の性質が周期的に変化することを**周期律**（periodic law）という．性質が類似した元素が同じ縦の列にくるように元素を並べた表が**周期表**（periodic table）である．周期表で縦の列を族，横の段を周期という．元素は 18 の族と 7 つの周期に分類される．同属の元素に共通しているのは，n が最大である軌道，すなわち最外殻軌道の電子配置が同じということである．たとえば，1 族元素の電子配置にみられる特徴は，最外殻にただ 1 個の s 電子をもつことである．また，17 族のハロゲンの最外殻の電子配置は，すべて $(n\text{s})^2(n\text{p})^5$ である．18 族の希ガスの最外殻の電子配置は，ヘリウムを除いて $(n\text{s})^2(n\text{p})^6$ である．

4.5　周期律

　元素の周期律はいろいろな物性にみられる．この章の最後に，イオン化エネルギーや電子親和力が電子配置の周期性とどのように関係しているのかを考えよう．

4.5.1　イオン化エネルギー

　電荷が $n-1$ 価の原子から電子 1 個を取り去り n 価の陽イオンにするのに必要なエネルギーを第 n **イオン化エネルギー**（ionization energy）という．中性の原子から電子を 1 個取り去るのに必要なエネルギーは第 1 イオン化エネルギー（I_1）である．原子を A とすれば，その反応式は次のようになる．

$$A + I_1 \rightarrow A^+ + e^- \tag{4.19}$$

単にイオン化エネルギーというときには，第 1 イオン化エネルギーを指す．

　第 1 イオン化エネルギーは，電子が占有している最もエネルギーが高い軌道のエネルギーにほぼ等しい．水素原子のイオン化エネルギーは，1s 軌道にある電子を原子核から $r = \infty$ に遠ざけるのに必要なエネルギーであり，$n = 1$ の軌道と $n = \infty$ の軌道のエネルギー差 ΔE に等しい．式 (4.5) の E_n を使うと，

$$\Delta E = E_\infty - E_1 = \frac{me^4}{8\varepsilon_0^2 h^2} \tag{4.20}$$

となる．式 (4.20) に定数を代入して計算すると，$\Delta E = 1312\,\text{kJ/mol}$ が得られ，この値は実験により測定されたイオン化エネルギーの値と一致する．水素からバリウムまでの原子について，イオ

ン化エネルギーの実測値を図 4.14 に示す．この図をみると，イオン化エネルギーの値が原子番号とともに周期的に変化する様子がわかる．主な特徴は次のとおりである．

（1）希ガス原子において極大を示す．

（2）希ガス原子の次のアルカリ金属原子では急激に減少し，極小を示す．

（3）同じ周期内では，大まかに見ると，原子番号とともに増加する傾向を示す．

（4）同じ族では，周期表の下に行くほど小さくなる．

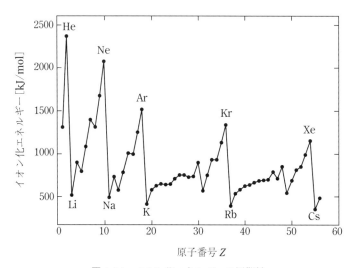

図 4.14　イオン化エネルギーの周期性

イオン化エネルギーの大きさは，電子が原子核に引きつけられる力が大きいほど大きくなる．したがって，電子と原子核の間のクーロン引力の絶対値

$$|F| = \frac{Z_{\mathrm{eff}} e^2}{4\pi\varepsilon_0 r^2} \tag{4.21}$$

に以下の 2 つの傾向があることを考えれば説明することができる．

（a）有効核電荷（Z_{eff}）が増加するほど大きくなる．

（b）電子と原子核の間の距離（r）が増加するほど小さくなる．

周期表の横の変化においては，イオン化される電子の主量子数が変わらないので，r の値に大きな変化はない．一方，同じ主量子数をもつ電子が増えていっても，それらはイオン化される電子に対して小さなしゃへい効果しか及ぼさないため，右端にいくほど Z_{eff} の値が大きくなる．したがって，傾向（a）により特徴（3）が説明できる．右端から次の周期の左端の原子に移るときには，イオン化される電子の主量子数が 1 つ大きくなるため r の値が増大し［傾向（b）］，しかも Z_{eff} の値が急激に小さくなる［傾向（a）］ので，特徴（1）および（2）が説明できる．同じ族では，有効核電荷が同じであり，下にいくほど主量子数が大きくなるため，傾向（b）により特徴（4）が説明できる．

4.5.2 電子親和力

中性原子に電子を 1 個付加すると 1 価の陰イオンが生成する．原子を X とすれば，その反応式は次のようになる．

$$X + e^- \rightarrow X^- + E_A \tag{4.22}$$

この反応によって放出されるエネルギーを**電子親和力**（electron affinity, E_A）という．名称がまぎらわしいが，電子親和力は「力」ではなくエネルギーであることに注意しよう．X の電子親和力の値が正であれば，X は電子を受け入れる際にエネルギーを放出し，陰イオンとなって安定化することができる．逆に，電子親和力の値が負であれば，陰イオンとなるためにエネルギーが必要となる．水素からバリウムまでの原子について，電子親和力の値を図 4.15 に示す．ベリリウムの陰イオンは安定ではなく実験的に検出されていない．希ガス原子の陰イオンも安定ではなく，電子親和力は負となる．窒素原子の電子親和力も負であるが，これは実験的に測定されたものではなく，理論計算により予測されている値である．電子親和力にもイオン化エネルギーと同じように周期性がある．主な特徴は次のとおりである．

（1）ハロゲン原子において極大を示す．

（2）ハロゲン原子の次の希ガス原子では急激に減少し，極小を示す．

（3）同じ周期内では，大まかに見ると，原子番号とともに増加する傾向を示す．

（4）同じ族では，周期表の下に行くほど小さくなる．

これらの特徴は，式 (4.22) の逆反応を考えるとよくわかる．すなわち，電子親和力は陰イオン X^- のイオン化エネルギーとみなすことができるので，その周期性は，1 つ原子番号が大きな中性原子のイオン化エネルギーと平行関係にあるためである．

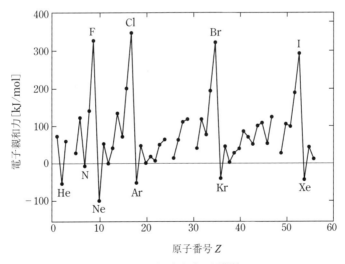

図 4.15 電子親和力の周期性

1. 主量子数が $n = 4$ の場合について，表 4.1 のような 3 つの量子数の値と原子軌道の名称をまとめた表を作れ．

2. K，L，M，N 殻にはそれぞれ何個の原子軌道が存在するか答えよ．

3. 図 4.8 に示した 5 つの d 軌道について，それぞれどのような節面が存在するか考えよ．ただし，波動関数の動径部分が 0 となるために生じる節面は除く．

4. 次の各原子について，スピンの向きも含めた電子配置を示せ．（a）Si，（b）S，（c）Cr，（d）Fe，（e）Cu

5. ヘリウム原子の第 1 イオン化エネルギーは第 2 イオン化エネルギーよりも小さい．その理由を考えよ．

第5章　二原子分子の化学結合

　前章までに，物質は原子で構成され，原子は正電荷をもつ原子核とそのまわりに存在する電子からなること，電子は量子論に基づくシュレーディンガー方程式に従って運動し，シュレーディンガー方程式から導かれる原子軌道に配置されることを学んできた．この章では，2つの原子が互いに近づいたときに，どのように原子の間に化学結合が現れ，分子が形成されるのかについて学ぶ．原子を結びつける「のり」の役割を担うのが電子である．電子を収容する原子軌道が重なり合って分子軌道が構成される原理を述べ，古典的な化学結合論における電子対との関係にも触れながら，電子がどのように分子軌道に配置されて結合力の大小が発生するのかを説明する．

5.1　原子軌道から分子軌道へ

　第1章で分子を電子式で表す方法を学んだ．電子が対を作って原子のまわりに配置され，電子対を共有することによって原子間の結合ができるという考え方である．非常に単純な考え方で化学結合を表現できるため広く用いられているが，その一方で問題も抱えている．その一例が酸素分子 O_2 である．電子式の考え方では，酸素原子の6つの価電子のうち4つは2組の孤立電子対を作り，残りの2電子が他方の酸素原子と共有されて2重結合を形成する．つまり，すべての価電子が共有電子対か非共有電子対かの形で電子対を作ると考えている．ところが実際には，O_2 は2個の不対電子をもつことが知られており，この事実と矛盾をきたしてしまう．不対電子の存在は，O_2 が磁石に引きつけられるという実験事実で確かめられている．電子がもつスピンに由来する磁気モーメントが，電子対を作れば互いに打ち消し合って磁場を感じないが，対をなさないときには磁場に応答するからである．不対電子をもつ分子が示すこの性質を常磁性とよぶ．電子式の考え方では説明できないこのような現象を理解するために，これから述べる分子軌道の考え方が重要である．まず，最も単純な水素分子から始めよう．

5.2　s軌道の重なり：水素とヘリウムの分子

　水素原子は1s軌道に電子を1つ収容した最も簡単な原子である．まず，2つの水素原子が結合して水素分子が形成される様子を見てゆく．つまり，2つの1s原子軌道からどのように分子軌道が構成されるか，という問題を考える．隣接した2つの水素原子の1s軌道について，それぞれの波動関数の形状を図5.1(a)に示す．このように2つの原子軌道が原子核間の中間領域で重なるので，これらの和（1次結合：linear combination of atomic orbitals, LCAO）を考えることになる．このとき，波動関数が波の性質を持つため，2つが同位相の場合（図5.1(a)，(b)）と逆位相の場合（図5.1(c)，(d)）の2種類が生じる．数学的には，

$$\Psi_{\text{同位相}} = C_+[\Psi_{1s}(H_A) + \Psi_{1s}(H_B)] \tag{5.1}$$

$$\Psi_{逆位相} = C_-[\Psi_{1s}(H_A) - \Psi_{1s}(H_B)] \tag{5.2}$$

と表される．ここで，C_+，C_- は，1 個の電子がその軌道に入ったときに電子が見いだされる確率（$|\Psi_{同位相}|^2$ もしくは $|\Psi_{逆位相}|^2$）の全空間にわたる総計が 1 になるように調節される規格化定数であり，この場合，どちらも近似的に $1/\sqrt{2}$ である．これら $\Psi_{同位相}$，$\Psi_{逆位相}$ が 2 つの 1s 軌道の 1 次結合でできる 2 つの分子軌道であり，水素分子 H_2 の場合，これらに 2 個の電子が収容される．

さて，2 つの分子軌道 $\Psi_{同位相}$ と $\Psi_{逆位相}$ について，波動関数の絶対値の 2 乗が電子の存在を示す確率密度（電子密度）を表すことに注意して，それぞれの特徴を見てみよう．同位相の場合には，図 5.1（b）のように 2 つの原子核の中間領域に電子が高い密度で存在（局在）し，正電荷をもつ原子核が互いに遮蔽されて，負電荷をもつ電子が原子核同士を結合する役割をしている．このように安定化された分子軌道を結合性軌道とよぶ．一方，逆位相の場合には，図 5.1（b）のように結合領域の電子密度が減少し，特に 2 つの原子核からちょうど等距離の点に電子密度がゼロになる節面（node）が存在する．この状態では原子核同士はむしろ互いに反発し，もとの 1s 軌道よりもエネルギー的に不安定である．このような分子軌道を反結合性軌道とよぶ．

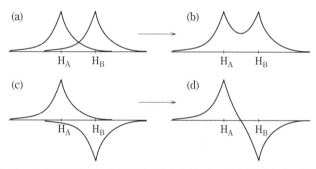

図 5.1 2 つの 1s 原子軌道の波動関数の重なり方．(a, b) 同位相と (c, d) 逆位相

もう 1 つの特徴は，どちらの分子軌道も円筒対称性をもつことである．つまり，結合軸のまわりを 1 周したときに符号の変化（すなわち，節面）がない．このような軌道を σ 軌道とよぶ．反結合性軌道は，結合性軌道と区別して σ^*（シグマスター）軌道とよばれる．

以上のことをまとめて示す手段として，まず，図 5.1（b），（d）に相当する波動関数の様子については，図 5.2 のような分子軌道の境界線を表す図が用いられる．σ 軌道では電子が原子核同士を結びつけている様子を，σ^* 軌道では節面を境として波動関数の符号が反転し，原子核間の電子密度が低く，核同士が互いにしりぞけ合う様子をそれぞれ示している．また，分子軌道のエネルギー

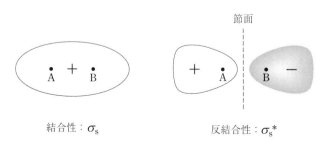

図 5.2 2 つの 1s 原子軌道が重なって形成される結合性および反結合性の分子軌道

準位については，図5.3のようなダイヤグラムが用いられる．この図は，2つの1s軌道が相互作用すると，エネルギー的に安定で原子核を結びつける性質をもつ結合性軌道（σ）と，エネルギー的に不安定で原子核を反発させる性質をもつ反結合性軌道（σ^*）の，2つの分子軌道ができることを示している．そして，もともと1s軌道を占めていた電子が，新たにこれら分子軌道を占有するようになる．形成される分子の状態を，次に具体的に見てゆこう．

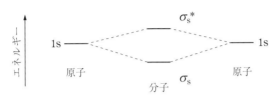

図5.3 2つの1s原子軌道が重なって形成される分子軌道のエネルギー準位図

5.2.1 H_2^+

水素分子は2つの水素原子の原子核（プロトン）と2つの電子からなっているが，十分に高い振動数の光を当てると，2つの電子のうちの1つが放出（イオン化）されてH_2^+が生成される．2個のプロトンと1個の電子でできたH_2^+は最も簡単な分子であり，まずこの分子の成り立ちを考える．図5.3で示された分子軌道に1個の電子を配置する様子を示したのが図5.4である．図中の矢印が電子を示し，2つのスピン自由度に対応して上向きもしくは下向きの矢印で表される．このように，σとσ^*の2つの分子軌道のうち安定な（エネルギーの低い）結合性軌道σに1個の電子が配置され，水素原子Hと水素イオンH^+との間に結合が生じてH_2^+が形成されると考える．つまり，2つの原子が1個の電子で結びついている．

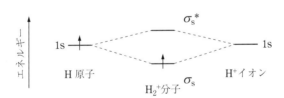

図5.4 H_2^+のエネルギー準位図と電子配置

ここで，結合の強さを表す指標として，結合次数とよばれる量を定義する．結合性電子が多いほど，また反結合性電子が少ないほど，結合は強いと考えられる．そこで，結合の強さに対して，結合性電子は1個あたり$+1/2$，反結合性電子は1個あたり$-1/2$の寄与をもつと考える．結合性電子が1個，反結合性電子が0個のH_2^+の場合，結合次数は1/2である．このように，結合次数は一般に次の式で計算される．

$$結合次数 = \{(結合性電子の総数) - (反結合性電子の総数)\}/2 \tag{5.3}$$

以下で種々の分子の結合次数を求めるときに，この式を繰り返し利用する．

5.2.2 H₂

H₂⁺ の結合の考え方が理解できれば，H₂ の結合を理解することは簡単である．図 5.5 のように関与する電子が 1 つ増えて，2 つの H 原子から提供された 2 個の 1s 電子が結合性の σ 軌道を占有する．このとき，パウリの排他原理として知られているように，2 つの電子が同じ量子状態をとることは許されないので，σ 軌道をスピン状態の異なる 2 つの電子が占有することになる．2 個の電子で結びついたこの結合の結合次数は 1 である．

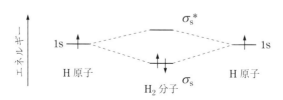

図 5.5　H₂ のエネルギー準位図と電子配置

5.2.3 H₂⁻

電子がさらに 1 つ多い H₂⁻ イオンにも，同様のエネルギー準位図が適用できる．図 5.6 のように H 原子と H⁻ イオンが結合して H₂⁻ イオンが形成されると考えるが，3 つ目の電子は，パウリの排他原理により σ 軌道には入れないため，反結合性の σ* 軌道を占有する．この電子は，むしろ原子間の結合を弱めるように働く．その結果，結合次数は (2−1)/2 = 1/2 となり，H₂⁺ の場合と同じである．

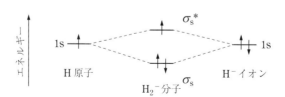

図 5.6　H₂⁻ のエネルギー準位図と電子配置

このように，水素分子 H₂ とそのイオン種 H₂⁺，H₂⁻ を比較すると，H₂ が最も強い力で結合した安定な分子種であることが理解できる．

5.2.4 He₂

同様にして，1s 電子だけからなる He の分子 He₂ を考えることができる．図 5.7 のように，合計 4 個の電子のうち，2 個が結合性 σ 軌道に，残りの 2 個が反結合性 σ* 軌道にそれぞれ配置される．その結果，結合次数は (2−2)/2 = 0 である．このことからわかるように，He 原子間の結合は非常に弱く，He₂ は極めて低温の状態でしか形成されない．このとき He 原子間に働く主な力は，電子を共有して形成される化学結合のときとは異なり，He 原子の電気双極子モーメントのゆらぎに由来する非常に弱い分散力（誘起双極子−誘起双極子相互作用）である．そのため，熱エネ

ルギーなどで振動を始めると，He 原子同士の結合は簡単に切れて，解離してしまう．通常，He が単原子気体として存在することも，このような考え方で理解できるであろう．

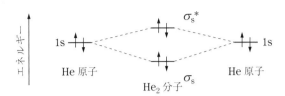

図 5.7 He$_2$ のエネルギー準位図と電子配置

5.3　p 軌道の重なり：酸素などの等核二原子分子

O$_2$ などの二原子分子の記述には，1s 軌道に加えて 2s, 2p を考える必要がある．2s 軌道は球対称性を持ち，1s と同様に考えることができる．この節では，2p 軌道の重なりについて考えてゆくことにする．p 軌道には p$_x$, p$_y$, p$_z$ の 3 つの軌道があるので，x 軸，y 軸，z 軸をどのようにとるかという任意性があるが，二原子分子では，結合軸を z 軸とするのが慣例となっている．

まず，結合軸に沿った p$_z$ 軌道の重なりについて考える．2 つの s 軌道が同位相もしくは逆位相で重なって 2 つの分子軌道が形成されたのとまったく同様に，2 つの p$_z$ 軌道からも図 5.8 のように結合性，反結合性の 2 つの分子軌道が形成される．これらも z 軸を対称軸とする円筒対称性をもつので σ 軌道である．特に p 軌道から生じたことを示すために σ_p, $\sigma_p{}^*$ と表記する．それぞれの波動関数 Ψ_{σ_p}, $\Psi_{\sigma_p}{}^*$ は，

$$\Psi_{\sigma_p} \approx \frac{1}{\sqrt{2}} \left[(-1) \times \Psi_{2p_z}(\text{原子A}) + \Psi_{2p_z}(\text{原子B}) \right] \tag{5.4}$$

$$\Psi_{\sigma_p}{}^* \approx \frac{1}{\sqrt{2}} \left[\Psi_{2p_z}(\text{原子A}) + \Psi_{2p_z}(\text{原子B}) \right] \tag{5.5}$$

と表される．ここで，記号 $\approx$ は規格化定数 $1/\sqrt{2}$ が近似値であることによる．

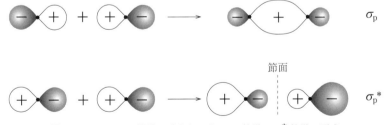

図 5.8　2 つの 2p$_z$ 軌道の重なりによる σ_p 軌道，$\sigma_p{}^*$ 軌道の形成

次に，p$_x$ 軌道の重なりを考えよう．図 5.9 のように原子 A と原子 B の p$_x$ 軌道は側面で重なる．ここでも，波動関数が同位相か逆位相かで 2 つの分子軌道が形成される．これらの分子軌道は円筒対称性をもたないため，σ 軌道ではない．結合軸を中心に 180° 回転すると波動関数の符号が反転するこのような分子軌道を π 軌道とよぶ．結合性の軌道が π_p 軌道，反結合性の軌道が $\pi_p{}^*$ 軌道であり，それぞれの波動関数は，

$$\Psi_{\pi_{\mathrm{p}}} \approx \frac{1}{\sqrt{2}} \left[\Psi_{2\mathrm{p}_x}(\text{原子A}) + \Psi_{2\mathrm{p}_x}(\text{原子B}) \right] \tag{5.6}$$

$$\Psi_{\pi_{\mathrm{p}}}{}^* \approx \frac{1}{\sqrt{2}} \left[\Psi_{2\mathrm{p}_x}(\text{原子A}) + (-1) \times \Psi_{2\mathrm{p}_x}(\text{原子B}) \right] \tag{5.7}$$

である．p_y 軌道の重なりは p_x 軌道と同様で，上の結果を結合軸まわりに単に 90° 回転するだけでよい．したがって，p_y 軌道の重なりで生じる π_{p} 軌道，$\pi_{\mathrm{p}}{}^*$ 軌道は p_x 軌道の重なりで生じるものとまったく同じである．つまり，π_{p} 軌道，$\pi_{\mathrm{p}}{}^*$ 軌道はどちらも二重に縮退している．

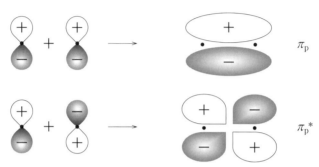

図 5.9　2 つの $2\mathrm{p}_x$ 軌道の重なりによる π_{p} 軌道，$\pi_{\mathrm{p}}{}^*$ 軌道の形成

　以上の考察から，2 つの原子の合計 6 個の 2p 軌道から，1 つの σ_{p} 軌道，1 つの $\sigma_{\mathrm{p}}{}^*$，2 つの π_{p} 軌道，2 つの $\pi_{\mathrm{p}}{}^*$ 軌道の合計 6 個の分子軌道が形成されることが分かった．2s 軌道からできる 2 つの σ 軌道（σ_{s}, $\sigma_{\mathrm{s}}{}^*$）と合わせて，図 5.10 のようにエネルギー準位図を描くことができる．ここで，$\mathrm{p}_x(\mathrm{p}_y)$ 軌道間の重なりは p_z 軌道間の重なりよりも小さく，しかも π_{p} 結合では原子核が比較的露出され電子による遮蔽効果が小さいために，π_{p} 結合は σ_{p} 結合よりも弱い．逆に，$\pi_{\mathrm{p}}{}^*$ 軌道の不安定化は $\sigma_{\mathrm{p}}{}^*$ 軌道よりも小さい．さらに，2s 軌道のエネルギーは 2p 軌道よりも低い．これらの事情がこの図に表されている．第 2 周期の等核二原子分子を扱うとき，本来，1s 軌道の重なりも考えるべきであるが，原子核の電荷の増加に伴って 1s 軌道はエネルギーが低下し，しかも空間的にも収縮する．その結果，2 つの原子の 1s 軌道間の重なりは無視できるほど小さくなり，実質上，1s 電子は結合に寄与しない．そのため，結合に関わらないこれらの軌道は省略されている．

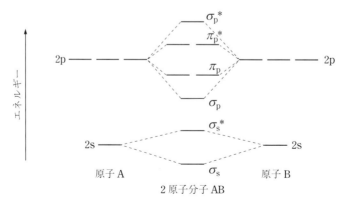

図 5.10　2 つの原子の 2s 軌道，2p 軌道が重なって形成される分子軌道のエネルギー準位図

図 5.10 に基づいて Li_2 から Ne_2 までのエネルギー準位図を作ることができる。ただし、窒素原子よりも原子番号の小さな原子では 2s 軌道と 2p 軌道のエネルギーが近接し、あとで述べる理由によって少し様子が異なってくるので、まずは Ne_2 から始めて原子番号を 1 つずつ小さくし、O_2 までを見てゆこう。

5.3.1 Ne_2

Ne 原子の電子配置は $[He]2s^2 2p^6$ である。したがって、Ne_2 分子には 2 つの Ne 原子の合計 16 個の価電子が存在する。これらの価電子が組立原理に従って σ_s, $\sigma_s{}^*$, σ_p, π_p, $\pi_p{}^*$, $\sigma_p{}^*$ の各軌道に配置される様子を図 5.11 に描いた。まず最もエネルギーの低い σ_s 軌道に 2 個の電子が、次に $\sigma_s{}^*$ 軌道に 2 個の電子が、それぞれ入る。これらの結合性と反結合性とはちょうど相殺し合って、有効な結合力を生じない。さらに σ_p 軌道に 2 個、二重縮退した π_p 軌道に 4 個の電子が配置され、続いて同じく二重縮退した $\pi_p{}^*$ 軌道に 4 個、最後に $\sigma_p{}^*$ 軌道に 2 個が入る。結合性の σ_p, π_p, 反結合性の $\pi_p{}^*$, $\sigma_p{}^*$ を占有する 6 個ずつの電子も、その結合力が互いに相殺し合う。その結果、結合次数は $(8-8)/2 = 0$ となり、He_2 と同様に、Ne_2 も分散力による極めて弱い結合しかもたないことが納得できるであろう。

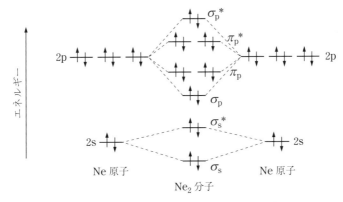

図 5.11 Ne_2 のエネルギー準位図と電子配置

5.3.2 F_2

F 原子の電子配置は $[He]2s^2 2p^5$ であり、F_2 分子には、図 5.12 のように 14 個の電子が配置される。F_2 の結合次数は次のようにして求められる。結合性軌道 σ_s, σ_p, π_p を占める電子は 8 個、反結合性軌道を占める電子は、$\sigma_p{}^*$ は空なので、$\sigma_s{}^*$, $\pi_p{}^*$ の 6 個である。したがって、結合次数は $(8-6)/2 = 1$ となる。

F_2 の結合次数が 1 であること、不対電子をもたない電子配置であることは、電子式の考え方と一致する結果である。結合の強さの指標である結合次数は、結合長や結合エネルギーと関係しているが、F_2 については、結合長が 0.1412 nm、結合エネルギーが 155 kJ mol^{-1} であることが知られている。

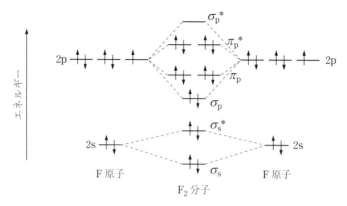

図 5.12 F_2 のエネルギー準位図と電子配置

5.3.3 O_2

O 原子の電子配置は $[He]2s^2 2p^4$ であり，O_2 分子の電子配置は，図 5.10 に 12 個の電子を収容することになる．その結果は図 5.13 のようになり，少し注意が必要である．σ_s, σ_s^*, σ_p, π_p の各軌道に 10 個の電子が入るところまでは F_2 分子の場合と同様だが，π_p^* 軌道に残りの 2 個が入るとき，フントの規則によりスピン多重度が最大になるように電子が配置される．つまり，二重縮退した π_p^* 軌道のそれぞれにスピンの向きを揃えた電子が入り，これらが不対電子になる．これは，すべての電子が対を作ることになる電子式の考え方とはまったく対照的である．本章冒頭の 5.1 節で述べた酸素分子が不対電子をもつために常磁性を示すという実験事実は，このような分子軌道の考え方ではじめて説明できる．

O_2 の結合次数は $(8-4)/2 = 2$ であり，結合次数 1 の F_2 よりも結合が強いと予想される．事実，O_2 の結合長は 0.1207 nm，結合エネルギーは 493 kJ mol^{-1} であり，いずれも F_2 よりも強い結合を裏付けている．このエネルギー準位図からさらにわかることは，O_2 から電子を 1 つ取り去った O_2^+ イオンの状態である．反結合性の π_p^* 軌道から電子が 1 つ抜けるので，O_2^+ の結合次数は $(8-3)/2 = 5/2$ となり，O_2 よりもさらに結合が強くなる．これを裏付けるように，O_2^+ の結合長は 0.1115 nm，結合エネルギーは 643 kJ mol^{-1} である．

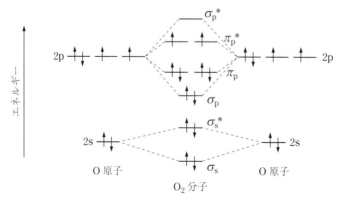

図 5.13 O_2 のエネルギー準位図と電子配置

5.3.4 N_2

N_2 では，事情が少し複雑になる．Ne, F, O の各原子では $2s$ 軌道と $2p$ 軌道の間のエネルギー差が大きく，したがって，$2s$ 軌道からできる分子軌道 σ_s, σ_s^* と $2p$ 軌道からできる分子軌道 σ_p, π_p, π_p^*, σ_p^* との間にも大きなエネルギー差があって，図 5.10 の準位の順序が保たれると考えることができた．ところが，これらよりも原子番号の小さい N 原子になると $2s$—$2p$ 間のエネルギー差が減少して，分子軌道間の相互作用が大きくなる結果，図 5.10 のエネルギー準位の順序はもはや正しくなくなる．

図 5.14 を見ながらこの事情を説明しよう．具体的には，対称性が同じ分子軌道同士が相互作用する．つまり，図 5.14 (a) の中で，σ_s と σ_p および σ_s^* と σ_p^* が相互作用する．π 軌道は，σ 軌道とは相互作用せず，これまでの結果と変わらない．一般に，2 つの軌道が相互作用して新しい 2 つの軌道が形成されると，新しい軌道の一方は安定化されて，元の軌道のうちエネルギーの低い軌道と似た性質をもつ．他方の軌道は不安定化されて，元の軌道のエネルギーの高い方と似た性質をもつ．したがって，σ_s と σ_p からは図 5.14 (b) のように 2 つの新たな軌道ができる．エネルギーの低い軌道は σ_s がやや変形したものであり，他方は σ_p がやや変形したものと考えてよい．同様にして，図 5.14 (c) のように，σ_s^* と σ_p^* との相互作用により，σ_s^* はやや変形してエネルギーが下がり，σ_p^* は変形してエネルギーが上がる．以上のようにして，σ_s, σ_s^*, σ_p, σ_p^* の間の相互作用の結果，図 5.14 (d) のように，新たな 4 つの軌道 σ_1, σ_2^*, σ_3, σ_4^* が生じる．σ_1 は σ_s と類似して結合性，σ_2^* は σ_s^* と類似して反結合性，σ_3 は σ_p と類似して結合性，σ_4^* は σ_p^* と類似して反結合性の性質をもつ．

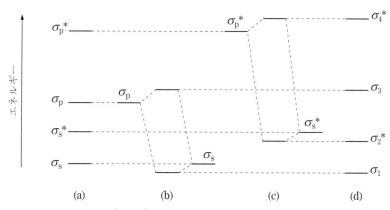

図 5.14 σ_s と σ_p, σ_s^* と σ_p^* の相互作用による分子軌道エネルギー準位の変化

ここで重要なことは，N_2 よりも原子番号の小さな等核二原子分子では，この相互作用の結果，σ_3 のエネルギーが π_p 軌道よりも高くなることである．N 原子の電子配置は $[He]2s^2 2p^3$ であるから，10 個の価電子を配置した結果，N_2 のエネルギー準位図は図 5.15 のようになる．結合次数は，結合性電子が 8 個，反結合性電子が 2 個であるから，$(8-2)/2 = 3$ であり，電子式の考え方と一致する．σ_3 軌道と 2 つの π_p 軌道が結合に寄与することから，1 本の σ 結合と 2 本の π 結合からなる三重結合を形成することを示している．

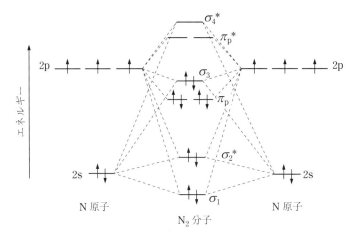

図 5.15　N_2 のエネルギー準位図と電子配置

σ_s—σ_p 間，$\sigma_s{}^*$—$\sigma_p{}^*$ 間の相互作用は Ne_2, F_2, O_2 においても存在するのだが，エネルギー準位の順序が入れ替わるほど大きな効果ではなかったので，敢えて取り上げなかった．しかしながら，N_2 など原子番号の小さなものでは順序が変わり，定性的にも違った結果を与える．

5.3.5　C_2

C_2 の場合も，N_2 と同様のエネルギー準位図を使うことができる．C 原子の電子配置は $[He]2s^2 2p^2$ であるから，8 個の電子を組立原理に従って配置してゆく．その結果，図 5.16 が得られる．σ_1 と $\sigma_2{}^*$ は結合を相殺し合うので，実質的な結合は π_p 軌道の 4 つの電子が担っている．結合次数は $(6-2)/2 = 2$ であり，2 本の π 結合からなる二重結合となる．エチレン分子 (C_2H_4) の二重結合が，それぞれ 1 本の σ 結合と π 結合からなることとは対照的である．C_2 は試薬びんに入れて蓄えられるような安定な分子ではないが，実験室では，特別な作り方で生成して研究がなされている．

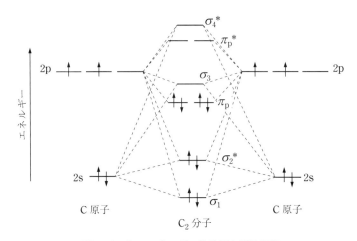

図 5.16　C_2 のエネルギー準位図と電子配置

5.3.6　B_2

B 原子の電子配置は $[He]2s^2 2p^1$ であるから，6 個の電子を配置する．その結果，エネルギー準位図は図 5.17 のようになる．O_2 分子と同様に，フントの規則によりスピン多重度が最大になるように電子が配置され，2 個の不対電子があるために常磁性を示すことがわかる．この不対電子が原子間の結合を担い，結合次数は $(4-2)/2 = 1$ である．B_2 も安定な分子種ではないが，実験室では生成することができ，研究がなされている．

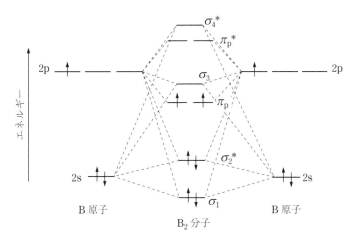

図 5.17　B_2 のエネルギー準位図と電子配置

5.3.7　Be_2

Be 原子の電子配置は $[He]2s^2$ である．したがって，σ_1 と σ_2^* にだけ電子が配置される．Be_2 のエネルギー準位図は図 5.18 となり，結合次数は $(2-2)/2 = 0$ である．つまり，結合は極めて弱いと推測される．しかし，σ_1 の結合性が σ_2^* の反結合性よりもやや強く，わずかながら結合性が現れる．実験室で生成された Be_2 分子の研究がごく最近になって精密に行われ，結合長は 0.2544 nm，結合エネルギーはわずか $11.1\,\mathrm{kJ\,mol^{-1}}$ と報告されている．

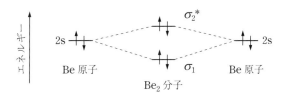

図 5.18　Be_2 のエネルギー準位図と電子配置

5.3.8　Li_2

Li 原子の電子配置は $[He]2s^1$ であり，Be と同様に，σ_1 と σ_2^* だけを描いたエネルギー準位図を図 5.19 に示す．2 個の価電子が結合性の σ_1 を占有し，結合次数は $(2-0)/2 = 1$ である．2 個の 2s 電子による H_2 と同様の結合にも思われるが，Li_2 の結合長（0.2673 nm）は H_2 の結合長

（0.0741 nm）に比べて非常に長い．また，結合エネルギーも H_2 の $432\,kJ\,mol^{-1}$ に比べて $101\,kJ\,mol^{-1}$ と非常に小さい．その理由は，それぞれの Li 原子がもつ 1s 電子対が互いに反発するためである．

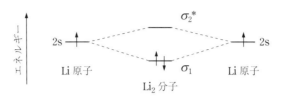

図 5.19 Li_2 のエネルギー準位図と電子配置

5.4 結合次数：結合の強さと結合長

以上，第 2 周期の等核二原子分子の結合を分子軌道の考え方で見てきた．これまでに扱った分子種と関連するイオン種について，結合次数と結合長，結合エネルギーを表 5.1 にまとめて示す．結合次数が大きいほど結合が強くなり，結合エネルギーが増加したり，結合長が短くなったりする傾向が見てとれる．ただし，同じ結合次数でも，結合に関与する軌道の種類や，σ 結合か π 結合かなど結合の種類によって，結合の強さは変わってくることに注意が必要である．

表 5.1 いくつかの等核二原子分子の結合次数，結合長，結合エネルギー

分子種	結合次数	結合長 /nm	結合エネルギー /kJ mol^{-1}
H_2^+	0.5	0.105	256
H_2	1	0.074	432
H_2^-	0.5	(N/A)	$100-200$
He_2	0	5.200	1×10^{-5}
Li_2	1	0.267	101
Be_2	0	0.245	10
B_2	1	0.159	289
C_2	2	0.124	599
N_2	3	0.110	942
O_2^+	2.5	0.112	643
O_2	2	0.121	493
O_2^-	1.5	0.135	395
F_2	1	0.141	155
Ne_2	0	0.310	<1

5.5 2s，2p 原子軌道のエネルギー

Li$_2$ から N$_2$ までと O$_2$ から Ne$_2$ までとでエネルギー準位図が違う理由について，少し説明を加えておこう．N$_2$ 分子の分子軌道を考えた 5.3.4 節において，原子番号が小さくなると 2s 軌道と 2p 軌道の間のエネルギー差が小さくなるため，両者の相互作用が顕著になることを述べた．この様子を図 5.20 に示す．図の右側にゆくに従って 2s 軌道のエネルギーが 2p 軌道に比べて大きく下がり，エネルギー差が大きくなる．N 原子では 2s—2p 間のエネルギー差は 1200 kJ mol^{-1} よりも小さいが，O 原子ではその差は 1600 kJ mol^{-1} 以上である．エネルギー差が小さいほど軌道間の相互作用が大きくなり，N$_2$ と O$_2$ の間で，ちょうど σ_3 軌道と π_{p} 軌道の順序の入れ替わりが起こる．

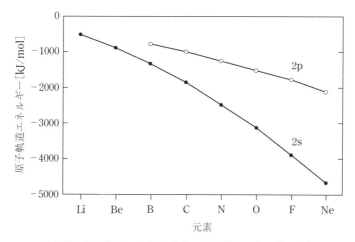

図 5.20 原子番号による 2s 軌道，2p 軌道のエネルギー変化

5.6 異核二原子分子

これまでに述べてきた等核二原子分子の考え方を拡張して，異核二原子分子の分子軌道を考えることができる．両者の違いは，異なる原子では原子軌道のエネルギーが異なるため，重なり合う原子軌道の組み合わせが必ずしも同じではないことである．例として，まずフッ化水素分子（HF）を，次に N$_2$ 分子と同じ電子数をもつ CO, CN$^-$, NO$^+$ の分子種，イオン種を見てみよう．

5.6.1 HF

HF 分子のエネルギー準位図を描くためには，原子軌道のエネルギーを知る必要がある．H 原子の 1s 軌道のエネルギーは約 -1300 kJ mol^{-1}，F 原子の 2s 軌道，2p 軌道は，図 5.20 のように，それぞれ約 -3900 kJ mol^{-1}，-1800 kJ mol^{-1} である．したがって，エネルギーが近接した H の 1s 軌道と F の 2p 軌道の相互作用が顕著であり，H の 1s 軌道と F の 2s や 1s 軌道との相互作用は無視できるほど小さいと考えてよい．このことから，図 5.21 のエネルギー準位図を描くことができる．F の 2p 軌道の中で H の 1s 軌道と混合できるのは，z 軸のまわりに円筒対称性をもち，σ 結合に寄与できる 2p$_z$ 軌道だけであり，これから結合性の σ 軌道と反結合性の σ^* 軌道が形成され

る．F の $2p_x$, $2p_y$ 軌道は H の 1s 軌道とは対称性が違うため相互作用せず，F の 2s 軌道と同様に非結合性軌道としてそのまま残る．これらの分子軌道に，H 原子の価電子 1 個と F 原子の価電子 7 個の，合計 8 電子が配置される．非結合性の 2s, $2p_x$, $2p_y$ の電子はいずれも F 原子に局在している．結合に関与しているのは σ 軌道を占有する 2 つの電子であるが，この分子軌道のエネルギーが H の 1s 軌道よりも F の 2p 軌道に近いため，これらの電子は実質的には F 原子に属していると見ることができる．つまり，H 原子の 1s 電子は F 原子側に引き寄せられて，$H^{\delta+}$—$F^{\delta-}$ 間のイオン結合が形成されていることを示している．

図 5.21 では，議論の本質をわかりやすくするために近似的な取り扱いをしたが，実際には F 原子の 2s 軌道は同じ F 原子の $2p_z$ 軌道と混合することによって，若干，結合に関与している．また，HF 分子中の非結合性の π 軌道（F 由来の $2p_x$ と $2p_y$ 軌道）のエネルギーは，原子の環境と分子の中の環境とが少し違うために，もとの F 原子の $2p_x$, $2p_y$ 軌道のエネルギーとは少し異なっている．

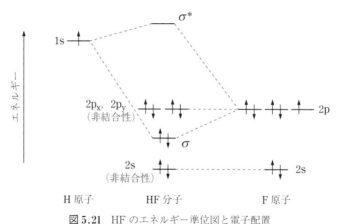

図 5.21 HF のエネルギー準位図と電子配置

ところで，この例のように，一般に異なる原子間の結合では分子軌道は非対称であり，2 つの原子上の電子の存在確率に差が生じる．この電子の偏りは 2 つの原子軌道のエネルギー差が大きいほど大きく，エネルギーの低い原子軌道をもつ原子の方に電子が偏る．原子軌道のエネルギーが低いということは，とりもなおさず電気陰性度が大きいことを意味しており，電気陰性度の差が大きくなるにしたがって共有結合性からイオン結合性に結合の性質が変化する様子も，分子軌道の考え方で理解できる．H_2 や F_2 は共有結合性であるが，この例の HF や LiF などは，イオン結合性の非常に強い分子種である．

5.6.2 CO, CN⁻, NO⁺：N_2 と等電子的な分子種

次に CO 分子の結合について考える．C 原子の電子配置は $[He]2s^2 2p^2$ であり，O 原子の電子配置は $[He]2s^2 2p^4$ であるから，合計 10 個の価電子をエネルギー準位図に配置することになる．ここで，C も O もともに 2s 電子，2p 電子をもつので，軌道のエネルギーに HF 分子の場合ほど大き

な差はなく，同じく10電子をもつ等核二原子分子 N₂（図5.15）に類似した形で，図5.22のように
なる．O原子の有効核電荷が C原子よりも大きいため，O原子の 2s, 2p が C原子の 2s, 2p より
もエネルギーが低く，準位図は少し非対称になるが，準位の順序は N₂ の場合と変わらない．この
ように，N₂ と CO とは，同じ10電子系で電子配置が類似していることから，等電子的（isoelec-
tronic）とよばれる．

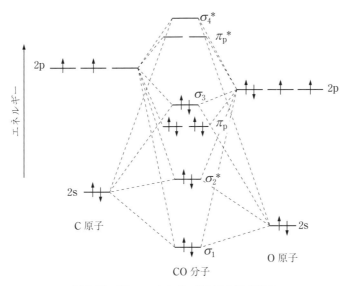

図5.22 CO のエネルギー準位図と電子配置

同様にして，CN⁻，NO⁺ も，N₂ や CO と等電子的なイオン種として，同様のエネルギー準位図
で考えることができる．四者の違いは，各軌道のエネルギーの値が少しずつ違うことだけである．

演習問題

1. Li₂ から Ne₂ までの等核二原子分子について，それぞれの1価陽イオンと1価陰イオンのエネ
ルギー準位図を調べよ．中性分子よりも結合次数が大きくなるものはどれか．

2. O₂, O₂⁺, O₂²⁺, O₂⁻, O₂²⁻ の各分子（イオン）種について結合次数を調べ，結合エネルギーが
大きいと考えられる順に並べよ．

3. LiF 分子のエネルギー準位図を描き，化学結合の性質について考察せよ．

多原子分子の結合

二酸化炭素（CO_2），水（H_2O），アンモニア（NH_3）は 3 個以上の原子からなる身近な分子である．二酸化炭素分子は直線構造，水分子は折れ線形構造，アンモニア分子は三角錐構造である．炭化水素分子は炭素 － 炭素結合がもととなり，さまざまな構造をとることができる．アセチレン分子は直線構造，エチレン分子は平面構造，メタン分子は正四面体構造である．これらの分子の構造はどのように決まるのであろうか．多原子分子の構造を化学結合から説明するために，いくつかの理論的な方法が提案されている．本章では，多原子分子の構造を化学結合から考えてみる．まず，分子軌道法を二原子分子から三原子分子に拡張する．次に，水素分子の原子価結合法と分子軌道法の概念の違いについて記述し，原子価結合法に基づいて作られる混成軌道を用いて炭化水素分子の構造と化学結合について理解する．また，サイズの大きな分子の軌道とエネルギーをヒュッケル法によって求める．

液体や固体は分子の集合体である．これらの分子集合体には分子間力が働いている．本章ではファンデルワールス相互作用と水素結合相互作用について考える．

6.1 三原子分子の分子軌道

等核二原子分子と異核二原子分子においては，2 つの原子の原子軌道（AO）から結合性の分子軌道と反結合性の分子軌道（MO）が作られる．二原子分子の分子軌道法の取り扱いは多原子分子に容易に適用できる．ここでは，第 5 章で記述した二原子分子の分子軌道法を三原子分子に拡張する．

6.1.1 BeH_2

BeH_2 は直線構造であることが知られている．BeH_2 の結合軸を z 軸とし，これに垂直な方向に x 軸，y 軸をとる．Be 原子の原子軌道と 2 個の H 原子の原子軌道との相互作用を取り扱うときには，2 個の H 原子間の結合が非常に弱い擬 H_2 分子の分子軌道について考える．2 個の H 原子の原子軌道の重なりによって，擬 H_2 には同位相の分子軌道 $h_1 = 1s(H) + 1s(H')$ と逆位相の分子軌道 $h_2 = 1s(H) - 1s(H')$ ができる（図 6.1）．

これら 2 つの分子軌道と Be 原子の 2s 軌道または 2p 軌道との相互作用を考慮して分子軌道を作る．このとき，同じ対称性の軌道どうしは相互作用できるが，対称性の異なる軌道どうしは相互作用できない．h_1 軌道と 2s 軌道は xy 面に対して対称であり互いに相互作用する．また，h_2 と $2p_z$ 軌道はどちらも xy 面に対して反対称であり，相互作用が起こる．h_1 軌道と 2s 軌道から同位相の結合性分子軌道（$1\sigma_g$）と逆位相の反結合性分子軌道（$2\sigma_g$）ができる．一方，h_2 軌道と $2p_z$ 軌道の相互作用から同位相の結合性分子軌道（$1\sigma_u$）と逆位相の反結合性分子軌道（$2\sigma_u$）ができる．Be 原

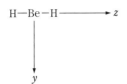

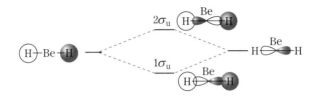

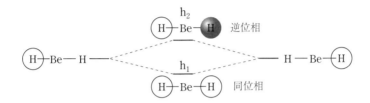

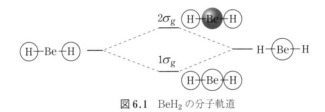

図 6.1　BeH$_2$ の分子軌道

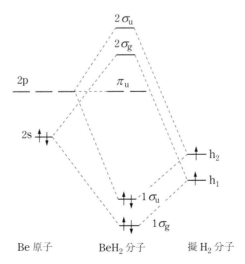

図 6.2　BeH$_2$ のエネルギーと基底状態の電子配置

子の$2p_x$軌道と$2p_y$軌道には相互作用する原子軌道がないので，これらの軌道は非結合性軌道（π_u）となる．このようにして図6.2に示したBeH$_2$の分子軌道のエネルギー準位と基底状態の電子配置が得られる．

6.1.2　H$_2$O

H$_2$Oの分子軌道は，H原子の原子軌道2個とO原子の4個の原子軌道，$2s$，$2p_x$，$2p_y$，$2p_z$から構成される．H−O−H結合角は$104.5°$である．図6.3のようにH$_2$Oをxz平面におくと，H$_2$Oにはσ_{yz}とσ_{xz}対称面ができ，z軸のまわりの回転に対して対称となる．2個のH原子の軌道から擬H$_2$の2個の分子軌道，$h_1 = 1s(H) + 1s(H')$（図6.4）と$h_2 = 1s(H) - 1s(H')$ができる．H$_2$OのH...H原子間距離は，H$_2$のH...H原子間距離より離れているので，H...Hの相互作用はH$_2$に比べてはるかに小さい．そのため，擬H$_2$の分子軌道の2個の準位の分裂幅は小さくなる．これらの準位とO原子の$2s$，$2p_x$，$2p_y$，$2p_z$軌道との相互作用からH$_2$Oの分子軌道が作られる．

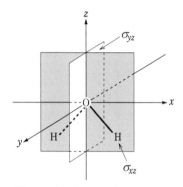

図6.3　水の構造，対称軸と対称面

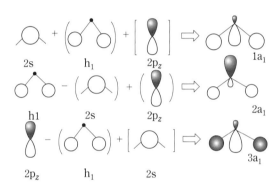

図6.4　水分子のa_1対称の分子軌道

擬H$_2$の分子軌道とO原子の原子軌道との相互作用においては，原子軌道どうしの相互作用と同様に，軌道準位が近く，対称性が同じ原子軌道と擬H$_2$の分子軌道どうしが相互作用する．擬H$_2$の分子軌道とO原子の原子軌道の対称性を考え，分子をz軸のまわりに$180°$回転したときに対称な場合に記号a，反対称な場合に記号b

表6.1　O原子と擬H$_2$分子の軌道の対称性

a_1	a_2	b_1	b_2
$2s$	なし	$2p_y$	$2p_x$
$2p_z$			h_2
h_1			

を用いる．さらに，σ_{yz}面に対して軌道が対称な場合に記号a，bに添字1，反対称な場合に添字2を付ける．軌道の対称性と記号との関係を表6.1にまとめた．

a_1対称の分子軌道$1a_1 \sim 3a_1$がそれぞれ原子軌道の重なりからどのようにできるかを図6.4に示した．O原子の$2s$軌道と擬H$_2$の結合性軌道h_1はa_1対称である．これらの軌道間の相互作用は，h_1軌道を中心に考えると理解しやすい．h_1軌道に対して，$2s$軌道，$2p_z$軌道のいずれもが同位相であるものが$1a_1$軌道，$2s$軌道が逆位相，$2p_z$軌道が同位相であるものが$2a_1$軌道，$2s$軌道，$2p_z$軌道のいずれもが逆位相であるものが$3a_1$軌道である．b_1対称のO原子の$2p_y$軌道は相互作用できる軌道がないので，非結合性軌道となる．O原子の$2p_x$軌道と擬H$_2$のh_2軌道は同じb_2対称であ

る．これらの軌道間の相互作用から図 6.5 に示した $1b_2$ 軌道と $2b_2$ 軌道ができる．このようにつくられた H_2O の分子軌道のエネルギー準位と基底状態の電子配置を図 6.6 に示した．

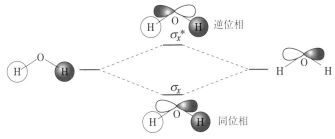

図 6.5 水分子の b_2 対称の MO

H_2O の基底状態では分子軌道をつくらない O 原子の 1s 軌道の電子を除くと 8 個の電子が各軌道を 2 個ずつ占有するので，電子配置は $(1a_1)^2(1b_2)^2$ $(2a_1)^2(1b_1)^2$ となる．各占有軌道のエネルギーを $\varepsilon_1, \varepsilon_2, \dots$ とすれば，i 番目のイオン化ポテンシャルは

$$I_i = -\varepsilon_i \qquad (6.1)$$

となり，Koopmans の定理とよばれている．光電子分光法を用いて分子のイオン化エネルギーを決定することにより軌道エネルギーが測定されている．光電子分光による H_2O の軌道エネルギーの測定値は，$1a_1\,(-3470\ \mathrm{kJ\ mol^{-1}})$，$1b_2\,(-1790\ \mathrm{kJ\ mol^{-1}})$，$2a_1$ $(-1270\ \mathrm{kJ\ mol^{-1}})$，$1b_1\,(-1140\ \mathrm{kJ\ mol^{-1}})$ である．

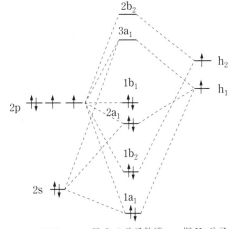

図 6.6 H_2O のエネルギーと基底状態の電子配置

6.2 原子価結合法

原子価結合法は，2 つの原子がそれぞれ電子を 1 個ずつ出し合い，それらを共有することによって化学結合ができるという考えに基づいており，Heitler と London によって導入された．水素原子 A と水素原子 B の波動関数をそれぞれ χ_A, χ_B とする．水素原子 A に電子 1 が，水素原子 B に電子 2 があるときの波動関数をそれぞれ $\chi_A(1)$, $\chi_B(2)$ で表す．括弧の中の 1, 2 は電子の座標を示す．2 つの水素原子が離れて独立に存在するとき，ϕ_{I} と ϕ_{II} の状態は

$$\phi_{\mathrm{I}} = \chi_A(1)\,\chi_B(2) \qquad (6.2)$$

$$\phi_{\mathrm{II}} = \chi_A(2)\,\chi_B(1) \qquad (6.3)$$

と表され，2 つの状態は等価である．2 個の水素原子が接近して，図 6.7 のように 2 個の電子を共有して結合をつくると，ϕ_{I} と ϕ_{II} の重ね合わせ状態ができる．

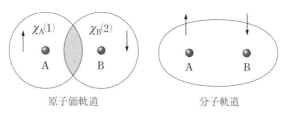

原子価軌道   分子軌道

図 6.7 水素分子の原子価軌道と分子軌道

$$\Psi = c_1\phi_{\mathrm{I}} + c_2\phi_{\mathrm{II}} \tag{6.4}$$

H_2 の 2 個の水素原子が等価であり，ϕ_{I} と ϕ_{II} に対する寄与は同じである．したがって，$c_1 = \pm c_2$ となり，次の線形結合が得られる．

$$\Psi_s = c_1(\phi_{\mathrm{I}} + \phi_{\mathrm{II}}) \tag{6.5}$$

$$\Psi_a = c_1(\phi_{\mathrm{I}} - \phi_{\mathrm{II}}) \tag{6.6}$$

式 (6.5)，(6.6) は，状態 $\chi_{\mathrm{A}}(1)\,\chi_{\mathrm{B}}(2)$ と $\chi_{\mathrm{A}}(2)\,\chi_{\mathrm{B}}(1)$ 間の共鳴を表している．Ψ の添え字 s と a によって，波動関数 Ψ が対称（symmetric）か反対称（asymmetric）かを区別する．規格化定数を N_s, N_a とすると (6.5)，(6.6) 式は

$$\Psi_s = N_s(\phi_{\mathrm{I}} + \phi_{\mathrm{II}}) \tag{6.7}$$

$$\Psi_a = N_a(\phi_{\mathrm{I}} - \phi_{\mathrm{II}}) \tag{6.8}$$

となる．波動関数の規格化 $\int \Psi_s{}^2 \,\mathrm{d}\tau = \int \Psi_a{}^2 \,\mathrm{d}\tau = 1$ を行い，原子軌道関数 χ_{A} と χ_{B} の重なり積分 $S = \int \chi_{\mathrm{A}}\chi_{\mathrm{B}} \,\mathrm{d}\tau$ を用いると，規格化定数 $N_s = 1/\sqrt{2(1+S^2)}$，$N_a = 1/\sqrt{2(1-S^2)}$ が得られる．最終的に，水素分子の波動関数は

$$\Psi_s = \frac{1}{\sqrt{2(1+S^2)}} \{\chi_{\mathrm{A}}(1)\,\chi_{\mathrm{B}}(2) + \chi_{\mathrm{A}}(2)\,\chi_{\mathrm{B}}(1)\} \tag{6.9}$$

$$\Psi_a = \frac{1}{\sqrt{2(1-S^2)}} \{\chi_{\mathrm{A}}(1)\,\chi_{\mathrm{B}}(2) - \chi_{\mathrm{A}}(2)\,\chi_{\mathrm{B}}(1)\} \tag{6.10}$$

となる．

　式 (6.9)，(6.10) の波動関数を用いて水素分子のシュレーディンガー方程式を解くと，Ψ_s と Ψ_a に対応するエネルギー E_s と E_a が求められる．核間距離に対して E_s と E_a を計算することにより図 6.8 のポテンシャルエネルギー曲線が得られる．反対称波動関数 Ψ_a で表される状態では，原子が近づくと斥力が働き，安定な分子が形成されないが，対称波動関数 Ψ_s で表される状態では，平衡核間距離 r_0 で安定な分子がつくられることがわかる．

　Heitler と London の取り扱いにより，水素分子の結合エネルギー 309 kJ mol⁻¹ と平衡核間距離 0.08 nm が得られた．これらの計算値と実験から得られたエネルギー 455 kJ mol⁻¹ および平

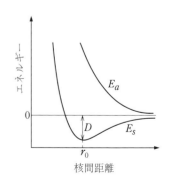

図 6.8 水素分子のポテンシャルエネルギー

衡核間距離 0.074 nm との一致はあまりよくないが，水素原子が近づいて水素分子ができることが初めて説明された．その後，計算値を実測値に近づけるためにさまざまな改良がなされた．その1つが式 (6.9)，(6.10) にイオン構造の寄与を取り入れる方法である．2個の電子が核 A または核 B にある場合の波動関数は

$$\phi_{\mathrm{III}} = \chi_{\mathrm{A}}(1)\,\chi_{\mathrm{A}}(2) \tag{6.11}$$

$$\phi_{\mathrm{IV}} = \chi_{\mathrm{B}}(1)\,\chi_{\mathrm{B}}(2) \tag{6.12}$$

と表される．I–IV の4つの状態の線形結合から，全体の波動関数 ϕ は

$$\phi = N\{\phi_{\mathrm{I}} + \phi_{\mathrm{II}} + \lambda(\phi_{\mathrm{III}} + \phi_{\mathrm{IV}})\} \tag{6.13}$$

となる．ここで，N は規格化定数であり，$\phi_{\mathrm{I}} + \phi_{\mathrm{II}}$ は共有結合構造，$\phi_{\mathrm{III}} + \phi_{\mathrm{IV}}$ はイオン構造の寄与を表している．λ はイオン構造の寄与の割合を示す係数である．変分法を用いて系のエネルギーが最低になるように λ を求めると 0.16 となる．この値を用いると解離エネルギーと平衡核間距離はそれぞれ 312 kJ mol^{-1}，0.088 nm となる．このように，イオン構造の寄与を考慮することにより解離エネルギーの計算値は実測値に近づくが，核間距離の計算値と実験値の一致はよくない．有効核電荷と係数 λ を同時にパラメータとすることにより，エネルギーと核間距離の両方の計算値が実測値に大幅に近づくことが確かめられている．

6.3 分子軌道法と原子価結合法の違い

分子軌道理論は Pople，Pariser，Parr らによって導入された．分子軌道は，分子全体に拡がった一電子軌道 (図 6.7) である．分子軌道法による水素分子の取り扱いは5章に記載されているので，ここでは分子軌道法と原子価結合法にどのような相違があるかについて簡単に述べる．分子軌道法では水素分子の電子1の波動関数は，

$$\phi(1) = N\{\chi_{\mathrm{A}}(1) + \chi_{\mathrm{B}}(1)\} \tag{6.14}$$

電子2の波動関数は

$$\phi(2) = N\{\chi_{\mathrm{A}}(2) + \chi_{\mathrm{B}}(2)\} \tag{6.15}$$

となる．2個の電子を含む全体の波動関数は

$$\begin{aligned}\phi &= \phi(1)\phi(2)\\ &= N^2\{\chi_{\mathrm{A}}(1)\,\chi_{\mathrm{A}}(2) + \chi_{\mathrm{A}}(1)\,\chi_{\mathrm{B}}(2) + \chi_{\mathrm{A}}(2)\,\chi_{\mathrm{B}}(1) + \chi_{\mathrm{B}}(1)\,\chi_{\mathrm{B}}(2)\}\end{aligned} \tag{6.16}$$

となる．$\chi_{\mathrm{A}}(1)\,\chi_{\mathrm{A}}(2)$ と $\chi_{\mathrm{B}}(1)\,\chi_{\mathrm{B}}(2)$ は，どちらも電子が一方の核に属しているイオン構造の状態を表している．

式 (6.2)，(6.3) から，原子価結合法では，線形結合 $\phi_{\mathrm{I}} + \phi_{\mathrm{II}} = \chi_{\mathrm{A}}(1)\,\chi_{\mathrm{B}}(2) + \chi_{\mathrm{A}}(2)\,\chi_{\mathrm{B}}(1)$ の成分は，電子1と2がそれぞれ A か B に属する状態であり，イオン構造の項がないことが分かる．一方，分子軌道法では，2つの電子がともに一方に属するイオン状態 $\chi_{\mathrm{A}}(1)\,\chi_{\mathrm{A}}(2) + \chi_{\mathrm{B}}(1)\,\chi_{\mathrm{B}}(2)$ の項が含まれている．しかしながら，これらの項はイオン状態の寄与を過大評価している．

6.4 混成軌道

Pauling によって提案された混成軌道は，線形結合をとることにより原子軌道を混合させて原子

価状態の軌道関数を表す．混成軌道は分子軌道法のように定量的な計算には向かないが，有機分子の構造などを合理的に説明できる．ここではs軌道とp軌道から作られる混成軌道について記述する．

6.4.1 sp³ 混成軌道

メタン分子は正四面体構造をとる．その理由について考えてみる．C原子の電子配置は $(1s)^2(2s)^2(2p)^2$ である．この電子配置からは，2p軌道の2個の不対電子が2個のH原子と共有結合すると予測されるが，実際は4個のH原子がC原子に結合している．このようなメタンの結合は，混成軌道の概念を用いると理解できる．

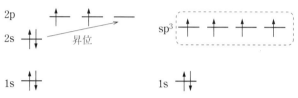

図 6.9 C原子のエネルギーダイヤグラム

C原子の2s原子軌道と2p軌道には図6.9のように電子が入っている．2s軌道の電子1個が2p軌道に入ってsp³混成軌道を作ると，2s軌道にある電子数は1個となり，このエネルギー準位と2p軌道の3個の電子が入っているエネルギー準位はすべて等価となる．2s軌道の電子が2p軌道に入ることを昇位とよぶ．C原子の基底状態の電子配置は $(1s)^2(2s)^2(2p_x)^1(2p_y)^1$ であるが，昇位すると電子配置は $(1s)^2(2s)^1(2p_x)^1(2p_y)^1(2p_z)^1$ となる．C原子の基底状態の電子が昇位により原子価状態に移るには $579 \sim 675\,\mathrm{kJ\,mol^{-1}}$ のエネルギーが必要である．しかし，新たに結合が形成されると，結合1本あたり $289 \sim 386\,\mathrm{kJ\,mol^{-1}}$ の安定化エネルギーが得られる．すなわち，昇位のために要したエネルギーは，新しい結合によって得られたエネルギーによって補われると考えることができる．4つの混成軌道 $\phi_1 \sim \phi_4$ は，1個の2s原子軌道 χ_{2s} と3個の2p原子軌道 χ_{2px}, χ_{2py}, χ_{2pz} を用いて表される．

$$\phi_1 = \frac{1}{2}\left(\chi_{2s} + \chi_{2px} + \chi_{2py} + \chi_{2pz}\right) \tag{6.17 a}$$

$$\phi_2 = \frac{1}{2}\left(\chi_{2s} + \chi_{2px} - \chi_{2py} - \chi_{2pz}\right) \tag{6.17 b}$$

$$\phi_3 = \frac{1}{2}\left(\chi_{2s} - \chi_{2px} + \chi_{2py} - \chi_{2pz}\right) \tag{6.17 c}$$

$$\phi_4 = \frac{1}{2}\left(\chi_{2s} - \chi_{2px} - \chi_{2py} + \chi_{2pz}\right) \tag{6.17 d}$$

上の各軌道が直交していることは容易に確かめられる．式 (6.17 a)〜(6.17 d) の原子軌道の係数はすべて1/2であることから，混成軌道の1つに対する2s軌道と3個の2p軌道の寄与は4分の1であり，4個の軌道が等価であることがわかる．これらの4個の軌道を図6.10に示す．

水（H_2O）分子とアンモニア（NH_3）分子の結合もメタンと同様にsp^3混成によって説明できる（図6.11）．HOH結合角は$104.5°$であり，メタンのHCH結合角$109.5°$より小さい．その理由の1つとしてH_2Oの2個の非共有電子対の静電的反発がHOH結合角を狭める作用が挙げられる．NH_3の結合角は$107.8°$であり，メタンの結合角$109.5°$より少し小さい．これは，NH_3の非共有電子対の拡がりが大きいために3個のH原子が互いに近づくためと考えられる．アンモニアにプロトンが付加したアンモニウムイオン（$NH_4{}^+$）では4個の電子対がすべて結合に使われるために，HNH結合角はメタンの結合角と同じ値となる．

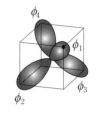

図6.10 メタンの混成軌道

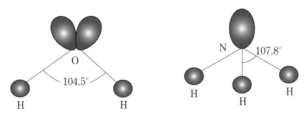

図6.11 水とアンモニアの分子構造

6.4.2 sp^2混成軌道

エチレンやベンゼンにおいてはC—C結合とC—H結合の結合角および2つのC—H結合の結合角は$\sim 120°$である．このような構造は，1個の2s軌道と2個の2p軌道が混ざり合ってsp^2混成が作られることにより説明できる（図6.12）．sp^2混成軌道は

$$\phi_1 = \frac{1}{\sqrt{3}}\left(\chi_{2s} + \sqrt{2}\,\chi_{2px}\right) \tag{6.18 a}$$

$$\phi_2 = \frac{1}{\sqrt{3}}\left(\chi_{2s} - \frac{1}{\sqrt{2}}\,\chi_{2px} + \sqrt{\frac{3}{2}}\,\chi_{2py}\right) \tag{6.18 b}$$

$$\phi_3 = \frac{1}{\sqrt{3}}\left(\chi_{2s} - \frac{1}{\sqrt{2}}\,\chi_{2px} - \sqrt{\frac{3}{2}}\,\chi_{2py}\right) \tag{6.18 c}$$

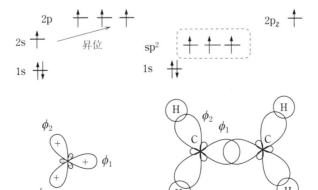

図6.12 エチレンの混成軌道

で与えられる．これらの3つの波動関数は等価であり，2s
軌道の寄与は1/3，2p軌道の寄与は2/3である．エチレン
において，炭素原子のsp²混成軌道の1つは，隣の炭素原
子のsp²混成軌道の1つとσ結合を作り，sp²混成軌道の
残りの2つは2個の水素原子と2個のσ結合を作る．一
方，sp²混成に関与しない2個の2p$_z$軌道が重なることに
よってπ結合ができ，結果的に2個の炭素原子間の結合

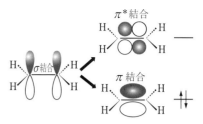

図6.13 エチレンのπ結合とσ結合

が2重結合となる（図6.13）．ベンゼンの場合は，エチレンと同様にsp²混成軌道によって2つの
炭素原子間にσ結合とπ結合が作られるが，π結合はエチレンのように2つの炭素原子間に局在せ
ず，ベンゼン環全体に非局在する．

　三フッ化ホウ素BF_3と三塩素化ホウ素BCl_3は3本のσ結合が同一平面上にあり，120°の結合角
をもつことが知られている．これらの分子の構造はsp²混成軌道によって説明できる．

6.4.3　sp混成軌道

　アセチレン分子は直線分子である．この構造は，炭素原子の2s軌道と2p軌道が混成し，2個の
等価な軌道ができることにより説明できる．炭素原子の2つの混成軌道は

$$\phi_1 = \frac{1}{\sqrt{2}}(\chi_{2s}+\chi_{2pz}) \tag{6.19 a}$$

$$\phi_2 = \frac{1}{\sqrt{2}}(\chi_{2s}-\chi_{2pz}) \tag{6.19 b}$$

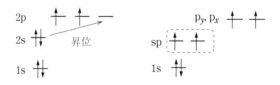

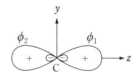

図6.14　アセチレンのsp混成軌道

で表される．sp混成軌道の形とsp混成軌道からσ結合が形成され直線構造のアセチレンができる
様子を図6.14に示す．炭素原子には結合軸方向の2p$_z$軌道およびこれに垂直な2p$_x$軌道と2p$_y$軌
道が存在する．2個の炭素原子の2p$_x$軌道どうしと2p$_y$軌道どうしが重なることにより，π_x軌道と
π_y軌道がつくられる．その結果，1本のσ結合と2本のπ結合により炭素原子間に三重結合がで
きる（図6.15）．

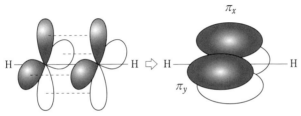

図 6.15 アセチレンの π 結合

BeCl$_2$ も sp 混成軌道から分子構造を説明できる分子である。Be 原子の 2s 軌道と Cl 原子の 3p$_x$ 軌道の重なりによって sp 混成軌道が作られ，BeCl$_2$ は直線構造をとる。

6.5 ヒュッケルの分子軌道

ヒュッケル法（Hückel Method）は，Hückel によって提案された分子軌道法である。ヒュッケル法では分子中の π 電子と σ 電子のうち，σ 電子による結合を無視し，共役結合に関与する π 電子のみに着目する方法である。ヒュッケル法はこのような大胆な簡素化にもかかわらず，分子軌道について正しい描像を与えるモデルである。ここでは，エチレンとブタジエンの分子軌道とエネルギーを単純ヒュッケル法によって求める。

6.5.1 単純ヒュッケル法

π 電子に対する分子軌道は，各炭素原子の 2p 軌道の線形結合によって表される。

$$\phi_i = \sum_p^n c_{pi} \chi_p \tag{6.20}$$

χ_p は p 番目の C 原子の 2p$_z$ 軌道である。n 個の 2p$_z$ 軌道をもつ系が n 個の π 電子をもつ場合，基底状態はパウリの原理に基づいてエネルギーが最低の軌道から電子をつめることによって得られるスレーター行列式で表される。

$$\Psi_0 = \frac{1}{\sqrt{n!}} \begin{vmatrix} \phi_1(1)\alpha(1) & \phi_1(1)\beta(1) & \cdots & \phi_{n/2}(1)\alpha(1) & \phi_{n/2}(1)\beta(1) \\ \phi_1(2)\alpha(2) & \phi_1(2)\beta(2) & & \phi_{n/2}(2)\alpha(2) & \phi_{n/2}(2)\beta(2) \\ \vdots & \vdots & & \vdots & \vdots \\ \phi_1(n)\alpha(n) & \phi_1(n)\beta(n) & \cdots & \phi_{n/2}(n)\alpha(n) & \phi_{n/2}(n)\beta(n) \end{vmatrix} \tag{6.21}$$

(6.21) 式を簡略形で書くと

$$\Psi_0 = |\phi_1 \bar{\phi}_1 \cdots \phi_{n/2} \bar{\phi}_{n/2}| \tag{6.22}$$

となる。Ψ_0 は次式のシュレーディンガー方程式を満たす。

$$\hat{H} \Psi_0 = E_0 \Psi_0 \tag{6.23}$$

E_0 は基底状態の電子のエネルギーであり，$\hat{H}$ は π 電子に対するハミルトニアンである。核を固定したときの $\hat{H}$ は

$$\hat{H}(1, 2, \cdots, n) = \sum_\mu \hat{H}_c(\mu) + \sum_\mu^{\mu < \nu} \sum_\nu \frac{e^2}{r_{\mu\nu}{}^2} \tag{6.24}$$

となる。$\hat{H}_c$ はコアハミルトニアンであり，運動エネルギー演算子，電子 μ と核，内殻電子および

σ 電子からなるコア（core）のポテンシャルエネルギー演算子の和で表される。$\hat{H}$ は 1 電子ハミルトニアン $\hat{h}$ の和として与えられる。

$$\hat{H}(1,\ 2,\ \cdots,\ n) = \sum_{\mu} \hat{h}(\mu) \tag{6.25}$$

(6.23) 式の両辺に左から Ψ_0^* を掛けて積分し，式 (6.22) と式 (6.24) を用いると

$$\int |\phi_1^*\overline{\phi}_1^*\cdots\phi_{n/2}^*\overline{\phi}_{n/2}^*|\Big(\sum_{\mu} \hat{h}(\mu)\Big)|\phi_1\overline{\phi}_1\cdots\phi_{n/2}\overline{\phi}_{n/2}|\, \mathrm{d}\tau_1\cdots\mathrm{d}\tau_n = E_0 \tag{6.26}$$

が得られる。ここで，$\mathrm{d}\tau$ はスピン座標も含めた体積素片である。ϕ_i が規格直交系をつくるときには

$$2\sum_{i}^{n/2}\int \phi_i^*(\mu)\hat{h}\phi_i(\mu)\, \mathrm{d}v_{\mu} = E_0 \tag{6.27}$$

となる。(6.27) 式の左辺の項 $\int \phi_i^*(\mu)\hat{h}\phi_i(\mu)\, \mathrm{d}v_{\mu}$ は定数でなければならない。この値を ε_i とすると次の固有方程式が得られる。

$$\hat{h}(\mu)\phi_i(\mu) = \varepsilon_i\,\phi_i(\mu) \tag{6.28}$$

ε_i は，i 番目の電子の軌道エネルギーである。E_0 と ε_i の間には

$$E_0 = 2\sum_{i=1}^{n/2}\varepsilon_i \tag{6.29}$$

の関係が成り立つ。エネルギーの期待値 $\langle\hat{h}\rangle$ は次式で表される。

$$\langle\hat{h}\rangle = \frac{\int \phi^*\hat{h}\phi\, \mathrm{d}v}{\int \phi^*\phi\, \mathrm{d}v} \tag{6.30}$$

(6.30) 式はどの MO にもあてはまる。変分法を適用して，エネルギーが極値をとるように分子軌道係数 $\{c_{pi}\}$ の組を決定する。

$$\frac{\partial\langle\hat{h}\rangle}{\partial c_p} = 0 \quad (p = 1,\ 2,\ \cdots,\ n) \tag{6.31}$$

(6.30) 式と (6.31) 式から

$$\langle\hat{h}\rangle = \frac{\sum_{p} c_p^* \sum_{q} c_q\, h_{pq}}{\sum_{p} c_p^* \sum_{q} c_q\, S_{pq}} \tag{6.32}$$

が得られる。h_{pq} と S_{pq} は次式で与えられる。

$$h_{pq} = \int \chi_p^*\,\hat{h}\chi_q\, \mathrm{d}v$$

$$S_{pq} = \int \chi_p^*\,\chi_q\, \mathrm{d}v \tag{6.33}$$

$\langle\hat{h}\rangle$ を ε で置き換え，(6.32)，(6.33) 式を用いると，n 個の未知の係数に関する連立方程式が得られる。

$$\sum_{q=1}^{n} (h_{pq} - S_{pq}\varepsilon)c_q = 0 \tag{6.34}$$

(6.34) 式の係数がすべてゼロでない解を求める条件として次の永年方程式が与えられる．

$$\begin{vmatrix} h_{11}-S_{11}\varepsilon & h_{12}-S_{12}\varepsilon & \cdots & h_{1n}-S_{1n}\varepsilon \\ h_{21}-S_{21}\varepsilon & h_{22}-S_{22}\varepsilon & \cdots & h_{2n}-S_{2n}\varepsilon \\ \vdots & \vdots & & \vdots \\ h_{n1}-S_{n1}\varepsilon & h_{n2}-S_{n2}\varepsilon & \cdots & h_{nn}-S_{nn}\varepsilon \end{vmatrix} = 0 \tag{6.35}$$

エネルギー ε はパラメータ h_{rs} と S_{rs} を用いて表される．ヒュッケル法では (6.35) 式の永年方程式を解くときに次の近似（ヒュッケル近似）を用いる．

$$\begin{aligned} h_{pq} &= \alpha & （p = q \text{ の場合}） \\ h_{pq} &= \beta & （p \neq q \text{ で } p \text{ と } q \text{ が隣接する場合}） \\ h_{pq} &= 0 & （p \neq q \text{ で } p \text{ と } q \text{ が隣接しない場合}） \end{aligned} \tag{6.36}$$

$$\begin{aligned} S_{pq} &= 1 & （p = q \text{ の場合}） \\ S_{pq} &= 0 & （p \neq q \text{ の場合}） \end{aligned} \tag{6.37}$$

α と β は，それぞれクーロン積分，共鳴積分とよばれている．これらの積分の値は，2つの炭素原子間の距離に依存せず一定であり，負の値をとるパラメータである．このような近似を用いる方法は，単純ヒュッケル法とよばれている．

6.5.2 エチレンの π 軌道とエネルギー

エチレンは2つの π 軌道をもつ共役炭素分子である（図6.16）．エチレンの分子軌道は2つの原子軌道の線形結合で表される．

$$\phi = c_1\chi_1 + c_2\chi_2 \tag{6.38}$$

変分法から永年方程式 (6.35) 式に対し，(6.36) 式と (6.37) 式のヒュッケル近似を用いると

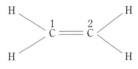

図6.16 エチレン

$$\begin{vmatrix} \alpha-\varepsilon & \beta \\ \beta & \alpha-\varepsilon \end{vmatrix} = 0 \tag{6.39}$$

が得られ，$\lambda = (\alpha-\varepsilon)/\beta$ とおくと，

$$\begin{vmatrix} \lambda & 1 \\ 1 & \lambda \end{vmatrix} = 0 \tag{6.40}$$

となる．この行列式を展開すると

$$\lambda^2 - 1 = 0 \tag{6.41}$$

となる．(6.41) 式の解は，$\lambda = \pm 1$ である．(6.38) 式の係数 c_1 と c_2 は，変分条件から得られる式

$$\begin{aligned} \lambda c_1 + c_2 &= 0 \\ c_1 + \lambda c_2 &= 0 \end{aligned} \tag{6.42}$$

と規格化条件

$$c_1{}^2 + c_2{}^2 = 1 \tag{6.43}$$

から得られ，その値は

$$c_1 = c_2 = \pm \frac{1}{\sqrt{2}} \tag{6.44}$$

となる．その結果，エチレンの分子軌道と軌道エネルギーは，

$$
\begin{aligned}
\phi_1 &= \frac{1}{\sqrt{2}}\chi_1 + \frac{1}{\sqrt{2}}\chi_2, \qquad \varepsilon_1 = \alpha+\beta \\
\phi_2 &= \frac{1}{\sqrt{2}}\chi_1 - \frac{1}{\sqrt{2}}\chi_2, \qquad \varepsilon_2 = \alpha-\beta
\end{aligned} \tag{6.45}
$$

となる．エチレンのエネルギー準位，基底状態の電子配置および MO を図 6.17 に示した．エチレンの π 電子エネルギーは

$$E = 2\varepsilon_1 = 2\alpha+2\beta \tag{6.46}$$

となる．

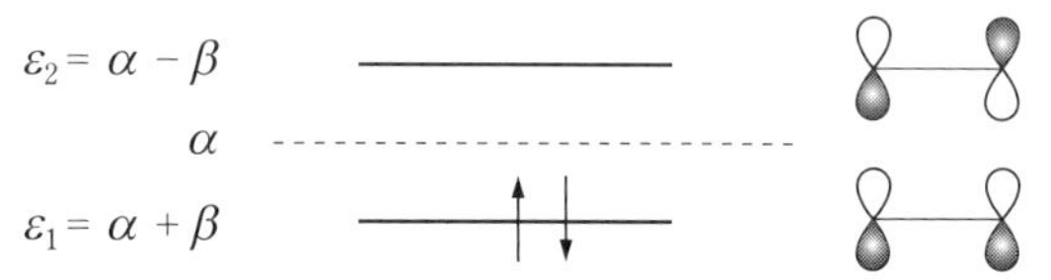

図 6.17　エチレンのエネルギー準位，基底状態の電子配置と MO

6.5.3　1,3-ブタジエンの分子軌道とエネルギー

1,3-ブタジエン（図 6.18）は 4 個の π 電子をもつので，分子軌道は 4 つの π 原子軌道の線形結合で表される．

$$\phi = c_1\chi_1 + c_2\chi_2 + c_3\chi_3 + c_4\chi_4 \tag{6.47}$$

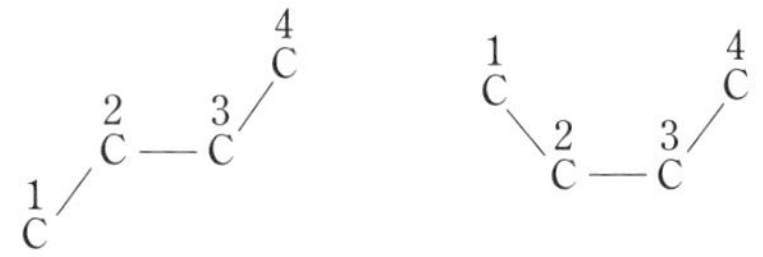

図 6.18　トランスブタジエンとシスブタジエン

永年方程式は，

$$
\begin{vmatrix}
\lambda & 1 & 0 & 0 \\
1 & \lambda & 1 & 0 \\
0 & 1 & \lambda & 1 \\
0 & 0 & 1 & \lambda
\end{vmatrix} = 0 \tag{6.48}
$$

である．この行列式を展開すると，

$$\lambda^4 - 3\lambda^2 + 1 = 0 \tag{6.49}$$

となる．この方程式の解は

$$\lambda = \frac{\sqrt{5}+1}{2}, \qquad \frac{\sqrt{5}-1}{2}, \qquad -\frac{\sqrt{5}-1}{2}, \qquad -\frac{\sqrt{5}+1}{2} \tag{6.50}$$

である．分子軌道の係数は

$$
\begin{aligned}
&\lambda c_1 + c_2 = 0 \\
&c_1 + \lambda c_2 + c_3 = 0 \\
&c_2 + \lambda c_3 + c_4 = 0 \\
&c_3 + \lambda c_4 = 0
\end{aligned} \tag{6.51}
$$

となる．規格化条件

$$c_1{}^2 + c_2{}^2 + c_3{}^2 + c_4{}^2 = 1 \tag{6.52}$$

から次式の分子軌道係数が得られる

$$\phi_1 = 0.3717\chi_1 + 0.6015\chi_2 + 0.6015\chi_3 + 0.3717\chi_4$$
$$\phi_2 = 0.6015\chi_1 + 0.3717\chi_2 - 0.3717\chi_3 - 0.6015\chi_4$$
$$\phi_3 = 0.6015\chi_1 - 0.3717\chi_2 - 0.3717\chi_3 + 0.6015\chi_4 \tag{6.53}$$
$$\phi_4 = 0.3717\chi_1 - 0.6015\chi_2 + 0.6015\chi_3 - 0.3717\chi_4$$

4つの分子軌道のエネルギーは,

$$\varepsilon_1 = \alpha + 1.618\beta$$
$$\varepsilon_2 = \alpha + 0.618\beta$$
$$\varepsilon_3 = \alpha - 0.618\beta \tag{6.54}$$
$$\varepsilon_4 = \alpha - 1.618\beta$$

となる. 図 6.19 にブタジエンのエネルギー準位, 基底状態の電子配置および MO を示した. 1, 3-ブタジエンにはシス構造とトランス構造があるが, ヒュッケル法ではこれらを区別できない. ヒュッケル法は, π 共役系に対する計算では, その大胆な仮定にもかかわらず定性的に正しい結果を与える.

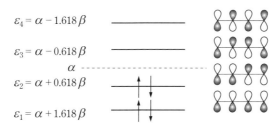

図 6.19 ブタジエンのエネルギー準位, 基底状態の電子配置と MO

6.5.4 π 電子密度と結合次数

ヒュッケル法では電子密度は, 電子を見いだす確率を各原子上に割り振ると r 番目の原子についてその値は分子軌道係数の二乗 (c_{ri}^2) で定義される. 分子軌道 i に π 電子が 1 個存在するとき, c_{ri}^2 を分子軌道 i における原子 r の π 電子密度とよぶ. $i = 1, 2, \cdots, n$ の各 π 軌道に n_i 個 ($n_i = 1$ または 2) ずつ電子が入っている場合, 原子 r の π 電子密度は

$$q_r = \sum_{i=1}^{n} n_i c_{ri}^2 \tag{6.55}$$

となる.

二原子分子の分子軌道 $\phi = c_a\chi_a \pm c_b\chi_b$ における 2 つの原子軌道の係数の積 ($c_a c_b$) は, その電子が結合に寄与する目安となる. $c_a c_b$ を部分結合次数とよぶ. 多原子分子の分子軌道 ϕ_i による π 結合 $r-s$ の部分結合次数は $c_{ri} c_{si}$ となる. $i = 1, 2, \cdots, n$ の各軌道に n_i 個 ($n_i = 1$ または 2) ずつ電子が入っているときの結合 $r-s$ の π 結合次数は

$$p_{rs} = \sum_{i=1}^{n} n_i c_{ri} c_{si} \tag{6.56}$$

である. 結合 $r-s$ に π 結合の他に σ 結合を含めるときには, 全結合次数を次式で定義する.

$$P_{rs} = 1 + p_{rs} \tag{6.57}$$

例として, 分子軌道係数が (6.53) 式で与えられている 1,3-ブタジエンについて電子密度と結合

次数を求めてみる.

図 6.18 の 1 番目の炭素原子の電子密度 q_1 は

$$q_1 = 2 \times (0.3717)^2 + 2 \times (0.6015)^2 = 1 \tag{6.58}$$

同様に 2 番目の炭素原子の電子密度 q_2 は

$$q_2 = 2 \times (0.6015)^2 + 2 \times (0.3717)^2 = 1$$

となる. 同様に 3 番めと 4 番めの炭素原子の電子密度も 1 となる. 次に, 1 番目と 2 番目の炭素原子間の結合次数は,

$$p_{12} = 2\sum_{i=1}^{2} c_{1i}c_{2i} = 2(0.3717 \times 0.6015 + 0.6015 \times 0.3717) = 0.8943 \tag{6.59}$$

となる. 分子の対称性から 3 番目と 4 番目の炭素原子間の結合次数 p_{34} も 0.8943 である. 2 番目と 3 番目の炭素原子間の結合次数は

$$p_{23} = 2\sum_{i=2}^{3} c_{2i}c_{3i} = 2(0.6015 \times 0.6015 - 0.3717 \times 0.3717) = 0.4473 \tag{6.60}$$

となる. これらの結合次数の値から両端の炭素原子間の結合に比べて中央の炭素原子間の結合が弱いことがわかる.

6.6 分子間力

分子や分子イオンの間の分子間力により分子が凝集する. 分子が電荷をもつ場合には, 分子間には静電相互作用によるクーロン力または斥力が働く. 無極性の分子間に働く引力は分散力とよばれ, 中性分子や原子間に働く弱い引力である. 極性をもつ分子間あるいは極性分子と無極性分子の間には無極性分子間に比べて強い引力が働く. これらの引力はファンデルワールス (van der Waals) 力とよばれている. 一方, 水などの極性溶媒や生体分子においては, H 原子と電気陰性度の大きな原子 (O, N, F) の間で水素結合ができる. ファンデルワールス力や水素結合は引力として作用する. 交換斥力は粒子間の距離が比較的近いところで大きく, 距離が遠くなるにつれて急激に減少する. ファンデルワー

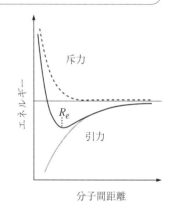

図 6.20 分子間ポテンシャル

ルス力や水素結合によって凝集した分子の安定構造は, 分子間の引力の和と交換斥力によって決まる (図 6.20). 本節ではファンデルワールス力と水素結合による分子間相互作用について記述する.

6.6.1 ファンデルワールス力

ファンデルワールス力は, 分子が双極子モーメントをもつ場合ともたない場合に分類される. 分散相互作用 (分散力) は双極子モーメントをもたない分子間で働く. 双極子が関与する分子間相互作用としては, 2 つの双極子間で働く双極子—双極子相互作用, 双極子モーメントをもつ分子が双極子モーメントをもたない分子に双極子を誘起する双極子 − 誘起双極子相互作用 (誘起力) がある.

6.6.2 双極子—双極子相互作用

2つの双極子が図6.21に示す任意の角度βに対して配置しているとき，$\mu_1 = Q_1 a$と$\mu_2 = Q_2 a$を点電荷に近似したときの双極子モーメントとする．Qは電荷，aは電荷間の距離である．2つの双極子間の相互作用エネルギーは次式となる．

$$E = -\frac{1}{4\pi\varepsilon_0} \times \frac{\mu_1 \mu_2}{r^3}(3\cos^2\beta - 1) \qquad (6.61)$$

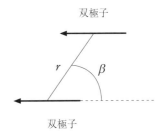

図6.21 双極子—双極子相互作用

$\beta = 90°$とすると，平行に双極子が配置した場合のエネルギーが求められる．

$$E = +\frac{1}{4\pi\varepsilon_0} \times \frac{\mu_1 \mu_2}{r^3} \qquad (6.62)$$

2つの双極子モーメントが反平行の場合の相互作用エネルギーは，(6.61)式において$\beta = 180°$とすると，

$$E = -\frac{2}{4\pi\varepsilon_0} \times \frac{\mu_1 \mu_2}{r^3} \qquad (6.63)$$

となる．アセトニトリル(CH_3CN)は大きな双極子モーメント(11.5×10^{-30} [C m])をもち，アルゴンマトリックス中では，2つの双極子モーメントは反平行な配置をとる．

6.6.3 誘起力

2つの分子のうちの1つの分子のみが双極子モーメントをもつ場合(図6.22)にはどのような力が働くであろうか．双極子モーメントをもつ分子が双極子モーメントをもたない分子に近づくと双極子が誘起される(μ_{Ind})．分極される分子の位置における電場強度をFとすると，

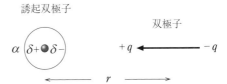

図6.22 双極子—誘起双極子相互作用

$$\mu_{Ind} = \alpha F \qquad (6.64)$$

となる．ここで，αは分子分極率である．双極子をもつ分子が接近すると分子の電子雲がゆがめられ，負電荷の重心が核電荷の重心からずれる．一般に，分子サイズが増加するにつれて分極率が大きくなり，誘起力が大きくなる傾向がある．誘起力によるエネルギーEは

$$E = -\frac{1}{(4\pi\varepsilon_0)^2} \times \frac{2\mu^2\alpha}{r^6} \qquad (6.65)$$

となる．誘起力による分子間相互作用は，双極子—誘起双極子相互作用とよばれる．

6.6.4 分散力

分子が双極子モーメントをもつと，双極子間の力や誘起力が生じる．ところが，双極子モーメントをもたない2つのHe原子間やNe原子間においても引力が存在することがわかっている．2つ

の He 原子の間でどのように引力が生じるのであろうか. He 原子中の 2 個の電子は, 球対称な 1s 軌道を占めており, 正電荷と負電荷の重心が一致しているので双極子モーメントをもたない. そこで 2 つの He 原子 A と B の間に引力が生じる原因について考えてみる.

He 原子 B は He 原子 A のつくる瞬間的な場の中にいる. 原子 B は瞬間的な双極子の場の中で分極を受け誘起双極子が生じる. 双極子モーメントをもたない分子間における分散力によるエネルギー E_{Dis} は, 原子間の分散力によるエネルギーと同様に 2 つの分子の分極率の積 $\alpha_1 \times \alpha_2$ に比例し, 距離 r の 6 乗に反比例する.

$$E_{\mathrm{Dis}} = -\frac{2\alpha_1\alpha_2}{(4\pi\varepsilon_0)^2 r^6}E_{\mathrm{Ion,A}} \tag{6.66}$$

ここで, $E_{\mathrm{Ion,A}}$ は原子 A のイオン化エネルギーである. $E_{\mathrm{Ion,B}}$ を原子 B のイオン化エネルギーとして, E_{Dis} を求める式が得られている.

$$E_{\mathrm{Dis}} = -\frac{3\alpha_1\alpha_2}{2(4\pi\varepsilon_0)^2 r^6} \times \frac{E_{\mathrm{Ion,A}}E_{\mathrm{Ion,B}}}{E_{\mathrm{Ion,A}}+E_{\mathrm{Ion,B}}} \tag{6.67}$$

6.6.5 水素結合

O 原子, N 原子, F 原子のような電気陰性度の大きな原子と H 原子が共有結合すると, 共有電子対は電気陰性度の大きな原子に引きつけられ, 部分的にイオン結合性を帯びる. H_2O 分子の O−H 結合では, 電子が O 原子に偏るので, マイナスの電荷 ($\delta-$) を帯びる. 一方, H 原子はプラスの電荷 ($\delta+$) を帯びる. H_2O の二量体 (図 6.23) において, $\delta-$ の電荷を帯びた O 原子は, 隣の H_2O 分子の H 原子とクーロン力によって水素結合 ($O−H^{\delta+}\cdots O^{\delta-}$) をつくる. 引力と交換反発力が釣り合った距離において, 結合が最安定となる.

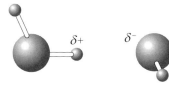

図 6.23 H_2O の二量体の構造

水や氷中においては, おびただしい数の分子間水素結合のネットワークが形成される. そのため, 沸点の上昇, 気化熱や比熱の増大など, 物性の変化が生じる. 典型的な水素結合の強さは, 共有結合の数分の 1 であるが, 水素結合には方向性があるので, 分子集合体の立体構造に大きな影響を及ぼす.

($O−H^{\delta+}\cdots O^{\delta-}$) 構造をもつ分子中の H 原子は, 水素結合が弱い場合には, H 原子は OH 基の O 原子の近くに局在する. 分子間水素結合が生じると OH 結合が延び隣の O 原子に接近する. 分子間水素結合に方向性が生じる理由について, O−H⋯B 系 (B は O 原子または N 原子) の電子構造のメソメリー (共鳴) から考える (図 6.24). ここで, N 構造は OH 基と B 原子が接触した構造であり, P 構造は O−H 結合をつくっていた電子対が O 原子の非結合性電子対となり, 隣接する分子の B 原子の非結合性軌道の電子対のうちの 1 つの電子が H 原子に移り, 弱い共有結合が生じたものである. 結果的に B 原子から O 原子への電荷移動が起こり, O 原子と B 原子はそれぞれ δ^- と δ^+ の電荷を帯びる. 電荷移動が起こると N 構造の波動関数に P 構造の波動関数が混ざ

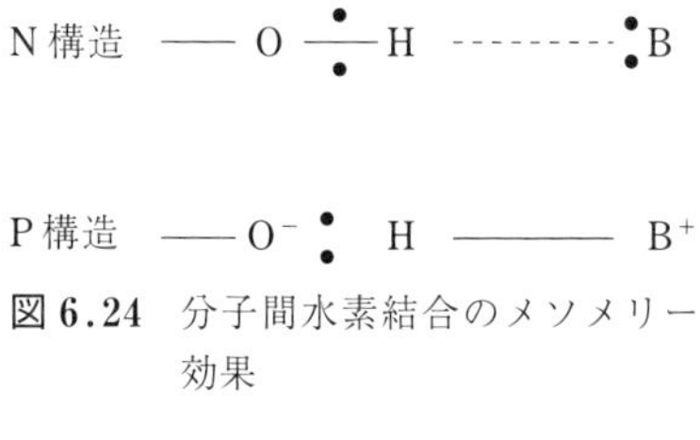

N 構造 ── O $\overset{\bullet}{\underset{\bullet}{|}}$ H ········· $\overset{\bullet}{\underset{\bullet}{}}$ B

P 構造 ── O⁻ $\overset{\bullet}{\underset{\bullet}{}}$ H ──── B⁺

図 6.24 分子間水素結合のメソメリー効果

る.

　水素結合はファンデルワールス結合よりは強く，共有結合よりは弱いと言われる．このような表現は，水の2量体における分子間水素結合のように，中間的な強度（結合エネルギーが～5 kcal/mol）をもつ水素結合について当てはまる．分子間水素結合の強度は分子によって大きく異なり，表6.2に示すようにファンデルワールス力による結合エネルギー程度の弱い水素結合から共有結合に近い強度をもつ水素結合が存在する．

表6.2　分子間水素結合の強さによる分類

	非常に強い	強い	弱い
結合エネルギー [kcal/mol]	15−40	4−15	< 4
例	$[F \cdots H \cdots F]^-$	$O-H \cdots O=C$	$C-H \cdots O$
	$[N \cdots H \cdots N]^-$	$N-H \cdots O=C$	$O-H \cdots \pi$
	$P-OH \cdots O=P$	$O-H \cdots O-C$	$Os-H \cdots O$

　液体の沸点には分子間水素結合の影響が顕著に現れる．1気圧における H_2O の沸点（100℃）が H_2S の沸点（−60.7℃）より著しく高いのは，H_2O の分子間水素結合が H_2S の分子間水素結合より強いためである．

演習問題

1. $BeCl_2$ の分子軌道は原子軌道からどのようにつくられるか．
2. (6.48)式から(6.49)式を導け．
3. 方程式(6.49)の解が(6.50)式となることを確かめよ．
4. (6.51)式から(6.53)式を導け．
5. ギ酸二量体の構造式を書け．ギ酸二量体においてはどのような分子間相互作用が働いているか．

索　引

基幹教育シリーズ　化学

基礎化学結合論　第2版

2013 年 4 月 30 日	第 1 版	第 1 刷	発行
2014 年 9 月 30 日	第 1 版	第 3 刷	発行
2015 年 3 月 30 日	第 2 版	第 1 刷	発行
2023 年 3 月 30 日	第 2 版	第 5 刷	発行

著　者　中野 晴之　原田 賢介　大橋 和彦
　　　　寺嵜 亨　関谷 博

発 行 者　発 田 和 子

発 行 所　株式会社　学術図書出版社

〒113−0033　東京都文京区本郷 5 丁目 4−6
TEL 03−3811−0889　振替 00110−4−28454
印刷　三美印刷 (株)

定価は表紙に表示してあります.